독자의 1초를 아껴주는 정성!

세상이 아무리 바쁘게 돌아가더라도
책까지 아무렇게나 빨리 만들 수는 없습니다.
인스턴트 식품 같은 책보다는
오래 익힌 술이나 장맛이 밴 책을 만들고 싶습니다.

길벗은 독자 여러분이
가장 쉽게, 가장 빨리 배울 수 있는 책을
한 권 한 권 정성을 다해 만들겠습니다.

독자의 1초를 아껴주는
정성을 만나보십시오.

• •

미리 책을 읽고 따라해본 2만 베타테스터 여러분과
무따기 체험단, 길벗스쿨 엄마 2% 기획단,
시나공 평가단, 토익 배틀, 대학생 기자단까지!
믿을 수 있는 책을 함께 만들어주신 독자 여러분께 감사드립니다.

홈페이지의 '독자마당'에 오시면 책을 함께 만들 수 있습니다.

(주)도서출판 길벗 www.gilbut.co.kr
길벗 이지톡 www.gilbut.co.kr
길벗스쿨 www.gilbutschool.co.kr

어휘력 10배 올리는
하루 10분 대화놀이

어휘력 10배 올리는 할루 10분 대화 놀이

2~7세, 어휘력 쌓기에 집중하세요!

김지호 지음

길벗

대화하는 기쁨, 성장하는 기쁨

아이 "엄마, 멍멍이가 멍멍 해."

엄마 "아, 귀여워. 멍멍이 털이 복슬복슬하네. 만져봐. 털실 같아."

우리가 일상에서 나누는 대화입니다. 특별할 것 없어 보이지만 그 내용을 들여다보면 엄마가 아이의 언어 발달에 큰 도움을 주고 있다는 사실을 알 수 있어요.

대화에서 엄마는 아이의 말을 받아서 의미와 형식을 더 풍부하게 했어요. 느낌을 말하고("귀여워") 사물의 특징을 설명하고("털이 복슬복슬하네") 비유를 통해 두 개의 사물을 언어적으로 연결했습니다(멍멍이 털-털실). 덕분에 아이는 새로운 낱말과 문법을 배웠지요.

대화는 아이들이 언어 능력을 키워나가는 데 중요한 역할을 합니다. 어른들도 그러한 사실을 잘 알고 있어요. 하지만 현실에서는 이런 저런 이유로 대화의 기회를 놓칩니다.

언어치료사(언어재활사)로 임상에 있으면서 아이들과 부모님의 대화를 관찰할 기회가 많습니다. 모든 부모님이 아이들에게 도움을 주고 싶어 하지만 어떤 분은 아이의 말을 자연스럽게 이끌어내고, 또 어떤 분은 아이가 충분히 말할 수 있는데도 그러지 못해요. 방법을 모르기 때문이지요. 그런 상황을 지켜보면서 아이의 언어 발달에 유익한 대화법과 부모님들에게 알려줄 방법을 고민했고, 그 결과를 이렇게 한 권의 책으로 엮게 되었습니다.

2018년 국제심리과학협회가 발간하는 학술지 〈심리과학〉에 흥미로운 논문이 한 편 실렸습니다.* 부모와 대화를 많이 주고받는 아이들이 언어 능력은 물론 학업 성취도가 뛰어나다는 내용이었어요. 소득 수준이나 부모의 학력 수준과는 무관했습니다. 대화가 많은 저소득층 아이들이 그렇지 않은 부유층 아이들보다 성취도가 높았지요. 이 연구 결과는 그동안 사람들이 갖고 있던 편견을 깼습니다. 그전까지는 경제적 환경이 좋은 아이들이 더 많은 말을 배우고 공부도 더 잘한다고 생각했으니까요.

* Rachel R. Romeo 외. *Beyond the 30-Million-Word Gap: Children's Conversational Exposure Is Associated With Language-Related Brain Function.* Psychological Science Volume: 29 issue: 5, pp.700-710. Article first published online: February 14, 2018; Issue published: May 1, 2018.

지금도 많은 부모님이 '우리 집 여건이 좋지 못해서 아이가 뒤떨어지면 어쩌지?' 하고 걱정해요. 앞의 연구는 이런 불안이 과학적으로 근거가 없음을 말해줍니다. 중요한 것은 '대화'예요.

세상의 모든 일이 궁금한 아이들은 언제든 부모와 대화할 준비가 되어 있습니다. 그러니 오늘 일터에서 있었던 일에 대해, 오늘 보고 느꼈던 것에 대해 말해주세요. 말을 걸어오는 아이에게 "그랬구나" 하면서 관심을 보이고 그다음 말에 귀 기울여주세요.

아이의 이름을 부르는 순간 대화는 시작됩니다. 이 책에 적힌 내용을 참고해서 하루 10분이라도 아이와의 대화에 집중하세요. 아이의 언어 능력이 하루가 다르게 늘어나는 것을 체감하실 거예요.

어른과의 대화는 똑똑하고 말을 잘하며 자존감 높은 아이로 키우는 지름길입니다. 모쪼록 많은 분이 아이와 대화하는 기쁨, 성장하는 기쁨을 누릴 수 있기를 바랍니다.

2021년 8월, 김지호

이 책은 다음의 순서로 쓰였습니다.

  1장은 대화의 준비 단계로, 아이와 대화하기 전에 알아야 할 내용을 담았습니다. '체크리스트'를 통해 나의 대화 유형은 어떤지, 아이의 언어 발달을 돕는 방식으로 대화하고 있는지 생각해볼 수 있습니다. 이어서 유아기 대화의 특징을 통해 아이가 언어적으로 어떤 변화를 보이는지 알아보고, 어떤 마음가짐으로 아이와 대화하는 것이 좋은지 살펴봅니다.

  2장과 3장은 대화의 실전 단계로, 일상에서의 '대화놀이'를 통해 아이의 언어 발달을 도울 수 있는 방법을 담았습니다. 아이들과 대화할 때의 마음가짐, 태도, 표정 같은 비언어적 요소에 대한 이해부터 언어 표현 촉진 기법, 대화를 구문적·인지적·화용적 이해를 돕는 기회로 활용하는 방법, 놀이로 아이와의 대화를 유도하는 방법 등 임상에서 쓰이는 기법들을 언어치료사(언어재활사)의 경험을 살려 적용했습니다. 아이의 생활연령과 발달 단계에 따라 적절하게 활용하세요.

♦♦♦ **차 례** ♦♦♦

머리말 : 대화하는 기쁨, 성장하는 기쁨 ― 004
이 책의 구성 및 활용법 ― 007
연령별 대화 요령 ― 012

(준비편)

1장

아이와의 대화,
시작해볼까요?

• 당신은 어떤 대화 상대인가요?: 평소 나의 대화 유형 알아보기 ― 018

• 대화에도 집중력이 필요해요: 믿음과 무관심 사이 ― 021

• 엄마와 아빠는 대화 방식이 달라요: 엄마 아빠의 대화 특징 활용하기 ― 026

• 유아기의 언어는 다채롭습니다: 아이 대화의 발달 과정 ― 030

• 아이들에 대한 편견은 대화에 도움이 안 돼요:

  아이의 언어 발달을 돕는 부모의 마음가짐 ― 035

2장

(기초대화편)
아이의 마음을 헤아리며
대화를 이어가요

01 적어도 3가지는 얻을 수 있어요: 대화를 하면 좋은 점 — 042

02 대화의 과정을 알리는 신호를 보내요: 대화가 자연스러워지는 신호들 — 048

03 눈빛으로 몸짓으로 말해요: 비언어적 요소의 중요성 — 052

04 아이가 말할 기회를 빼앗지 마세요: 아이의 말문을 닫는 어른의 말 — 058

05 아이의 마음을 열어요: "그랬구나"로 아이의 말 수용하기 — 070

06 대화에도 윤활제가 필요해요: "정말?" "어떡해!" "큰일 났네!" — 074

07 아이에게 해야 할 말을 직접 요구해요: "〇〇라고 말해봐~" — 077

08 아이의 말을 고쳐줍니다: 올바른 표현으로 들려주기 — 081

09 아이의 말 표현을 다듬어요: 완성하고 풍성하게 해주기 — 090

10 대화를 더 길게 이어가요: 접속사 활용하기 — 096

11 아이의 말을 확인해요: 다시 말하게 하기 — 101

12 질문으로 언어 발달을 도와요: 질문의 기능과 종류 — 106

13 어떻게 묻느냐에 따라 대화가 달라져요:
대화의 흐름을 바꾸는 질문의 형식 — 114

3장

(실전대화편)
다양한 활동으로 어휘를 늘려요

01 쉬운 말부터 알려주세요: 낱말을 알려주는 순서 — 122

02 자연에서 형용사를 배워요: 공원에서 배울 수 있는 말들 — 127

03 놀면서 동사를 배워요: 몸으로 놀며 배울 수 있는 말들 — 131

04 감정과 입장을 이해하고 표현해요: 아이가 생떼를 부릴 때 하면 좋은 말들 — 135

05 차이를 이해하고 비교를 배워요: 동물원에서 배울 수 있는 말들 — 140

06 속성이 비슷한 사물에 비유해요: 비유하는 말을 배울 수 있는 활동들 — 144

07 무엇이 달라졌는지를 말해요: 시간의 흐름을 배울 수 있는 말들 — 148

08 먼저 할 것과 나중에 할 것을 정해요:
시간적 전후 관계를 배울 수 있는 말들 — 153

09 어떻게 될지 결과를 예측해요: 인과관계를 배울 수 있는 말들 — 157

10 "왜 그럴까?" 원인을 생각해요: 논리적 사고력을 키워주는 말들 — 161

11 "만약에~" 하고 가정해보세요:
논리적 사고력과 상상력을 함께 길러주는 말들 — 165

12 '그런데'로 대화의 주제를 바꿔요: 친밀감을 높이는 화제 전환 — 169

13 조리 있게 말하는 연습을 해요: 체계 있게 말하도록 돕는 방법 — 174

14 "싫어!"라며 고집부리면 이렇게 해요:
아이가 거부 행동을 보일 때의 대화법 — 186

15 생떼도 대화로 해결할 수 있어요: 아이의 생떼를 통제하는 말들 — 194

16 인칭대명사로 '나'와 '너'를 인식해요: 인칭대명사를 써야 하는 이유 — 200

17 아이의 말이 너무 빠르거나 느리다면: 한 호흡당 말소리 속도 조절하기 — 204

18 대화가 저절로 이루어지려면: 놀이로 대화하기 — 206

19 아이의 행동을 대화로 변화시켜요:
　　말로 행동을 통제하는 효과적인 방법 — 215

20 어른들의 대화를 듣고 말을 배워요:
　　실생활에서 올바른 말의 사용법 들려주기 — 221

21 칭찬을 잘해도 아이의 언어가 발달합니다:
　　표현 욕구를 자극하는 칭찬 3가지 — 225

22 대화하며 꼭 살펴보세요: 아이와 대화할 때 체크할 것 4가지 — 229

만 0~1세 ○ '말'을 준비하는 시기	○ 생후 2~3개월쯤 되면 아이는 "아아", "어우" 같은 소리를 내기 시작합니다. 시간이 지나면서 이 소리는 "푸", "커", "다다"처럼 다양한 자음을 포함하고 문장처럼 길게 이어지기도 해요. 그러다 생후 12개월쯤 되면 몇 개의 낱말을 이해하고 비슷하게 따라 말할 수 있습니다. 그러나 아직 낱말이 나오기 전이라 주로 무의미한 음, 울음 같은 소리나 몸 뒤척이기 같은 행동들로 의사소통을 합니다. 대부분의 시간을 누워서 보내는 이 시기에는 어른이 말을 들려주고 아이는 그 말에 반응하는 방식으로 대화가 이루어집니다.
	● 대화 포인트: 눈 맞추기, 표정, 동작에 주안점을 두고 과장된 표정과 동작으로 아이의 반응을 이끌어주세요. 낱말의 경우 소리내기 쉬우면서 자주 쓰는 말을 들려주고 모방하도록 유도하세요. 예를 들면 엄마, 아빠, 눈, 코, 입, 귀, 팔, 다리, 맘마, 물, 우유, 컵, 옷, 양말, 모자, 멍멍이, 야옹이 등이 있습니다.
만 1~2 세 ○ 낱말을 표현하고 문장을 익히는 시기	○ 이 시기에 아이는 가족, 동물, 과일, 일상 사물, 움직임과 관련한 말을 배우고 표현할 수 있어요. 한 낱말이나 두 낱말로 불완전한 문장을 구성합니다. 이때 대화는 짧고 일방적이에요. 아이가 낱말로 어른에게 무언가를 요구하면 어른이 들어줍니다. 또한 어른은 아이에게 새로운 말을 가르치며 모방을 유도해요.
	● 대화 포인트: 아이가 스스로 이동할 수 있기 때문에 장소를 옮겨가며 그곳에 있는 다양한 사물들의 이름을 들려주거나, 놀이를 하며 움직임이나 모양과 관련된 표현을 들려줄 수 있습니다. 아이가 직접 만지거나 보고 들을 수 있게 하면서 낱말이나 문장을 들려주세요.

만 2~3세 ○ 대화가 시작되는 시기	○ 어휘가 늘고 문장에 대한 이해가 생기면서 어른의 말을 잘 알아듣게 됩니다. 3~4개의 낱말을 이어서 문장으로 표현하고, 간단한 질문도 합니다. 질문은 대화의 시작점입니다. 아이가 "뭐야?"라고 묻는 순간 어른의 설명이 이어지면서 대화가 시작되지요.
	● **대화 포인트:** 아이의 운동 능력이 좋아져서 함께 놀이터에도 가고 공놀이도 할 수 있습니다. 그러니 다양한 체험 활동을 하면서 아이와 대화하세요. 조사를 포함해서 완성된 문장을 들려주고, 쉬운 질문('누구', '어디')을 자주 하고, 좀 더 어려운 낱말(사물의 세부 명칭, 형용사, 부사 등)을 알려주세요.
만 3~4세 ○ 아이가 말의 재미를 느끼는 시기	○ 아이가 말할 수 있는 문장이 길어집니다. 조사의 사용이 정교해지고 복문을 사용할 수 있습니다. 시간에 대한 이해도 생겨서 적절한 시제를 사용합니다. 어려운 질문인 '왜', '어떻게' 등에 대해서도 제법 대답을 잘 할 수 있어요. 어른이 말을 걸기보다 아이가 먼저 말을 거는 경우가 많아집니다. 게다가 아이의 질문이 잦아지면서 어른의 언어적 대응이 중요해지는 시기이기도 합니다.
	● **대화 포인트:** 대화를 통해 추상적인 낱말(마음, 감정, 사회적 상징 등)이나 비유적 표현 등을 알려주세요. 또한 책 읽기, 나들이 등을 통해 하나의 주제로 길게 이야기할 수 있는 기회를 마련해주세요.

만 4~5세 ○ 아이의 말이 유창해지는 시기	○ 이전까지만 해도 발음이 서툴었지만 이 시기쯤 되면 대부분의 자음을 정확하게 발음할 수 있습니다. 길고 복잡한 문장으로 말할 수 있어서 제법 어른의 말처럼 들려요. 자기 경험은 물론 다른 사람에게 들은 이야기도 재구성해서 전달할 수 있고, 스스로 이야기를 만들 수도 있습니다. 이쯤 되면 대화의 주도권이 아이들에게 넘어갑니다. 시간이 많은 아이는 하고 싶은 말도 많아서 주변에서 일어난 일들에 대해 이야기하고 자기 의견을 덧붙입니다. 이제 대화에서 어른의 역할은 듣는 쪽으로 바뀝니다.
	● **대화 포인트:** 아이의 말을 잘 듣고 호응해주세요. 하고 싶은 말이 많기 때문에 중구난방으로 대화가 흘러갈 수도 있어요. 이때는 아이의 말이 주제에서 벗어나지 않도록 유도해주세요.
만 5~6세 ○ 논리적인 사고가 발달하는 시기	○ 이 시기에는 언어를 통해 논리적으로 사고하는 법을 배웁니다. 설명을 듣고 사물의 특징을 파악하고 인과관계를 이해할 수 있어요. 눈에 보이지 않는 세상의 이치에 대해서도 조금씩 알아갑니다. 앞으로 어떤 일이 생길지, 근거는 무엇인지도 설명할 수 있지요.
	● **대화 포인트:** 질문을 통해 아이가 논리적 사고를 키우는 데 도움을 줄 수 있습니다. 왜 그런지, 앞으로 어떻게 될지, 또 다른 경우는 없을지 등 함께 의견을 나눠보세요.

만 6~7세

○

입장과 상황에
대한 이해가
깊어지는 시기

○ 이 시기에는 추상적이고 상징적인 개념어 등을 이해합니다. 비유 표현, 속담, 통상적으로 쓰이는 관용적 표현 등을 알고 사용할 수 있어요. 예를 들어 '사랑'이 무엇인지 자기가 이해한 대로 설명할 수 있고, "정말 끝내주는군" 같은 말도 이해할 수 있어요.

● **대화 포인트:** 대화를 통해 서로의 입장을 이해하고, 하나의 상황을 여러 측면에서 바라볼 수 있다는 점을 알려주세요.

1장

(준비편)
아이와의 대화,
시작해볼까요?

평소 나의 대화 유형 알아보기

우선, 19쪽의 문항을 읽고 해당하는 곳에 체크해볼까요?

이 문항들 중에서 1~3번 문항에 '그렇다'라고 대답했다면 아이와의 대화에 적극적인 분입니다.

4~8번 문항에 '그렇다'라고 대답했다면 아이의 표현을 위축시키고 어휘나 문장 표현을 돕는 데 소극적인 분일 가능성이 있습니다.

9~10번 문항에 '그렇다'라고 대답했다면 명령적 언어 통제 유형으로 아이들의 문장 표현 발달에 부정적인 영향을 미칠 가능성이 있습니다 (자세한 내용은 215쪽 '말로 행동을 통제하는 효과적인 방법' 참조).

4~10번 문항에 '그렇다'고 대답한 분들은 다음을 기억해주세요.

나의 대화 유형 체크리스트

- [ ] 1. 아이의 기분을 물어본 적이 있다. (예: "그래서 화가 났니?")

- [ ] 2. 아이와 대화할 때 의무감을 느낀다.
  (예: '나 때문에 아이가 말이 느리면 어떡하지?')

- [ ] 3. 아이가 하나를 물어보면 열 가지를 대답해준다.
  (예: "이건 이래서 이렇고 저건 저래서 그렇고….")

- [ ] 4. "왜?"라는 질문에 화를 낸 적이 있다. (예: "왜긴 뭘 왜야!")

- [ ] 5. 아이가 단어를 잘못 말했을 때 그 자리에서 바로잡아준 적이 있다.
  (예: "하버지가 뭐야, 다시 해봐. 할! 아! 버! 지!")

- [ ] 6. 말이 많은 아이를 보며 짜증을 낼 때가 있다. (예: "좀 조용히 해줄래!")

- [ ] 7. 아이가 말을 더듬었을 때 똑바로 말해보라고 시킨 적이 있다.
  (예: "왜 말을 더듬어. 똑바로 말해봐, 어서.")

- [ ] 8. 말은 자연히 늘기 때문에 부모가 할 일은 없다고 생각한다.

- [ ] 9. 말 대신 행동으로 벌을 준 적이 있다.
  (예: "그만해!"라고 말하는 대신 놀고 있던 장난감을 치운다.)

- [ ] 10. 말로 조건을 걸어 아이의 행동을 통제한 적이 있다.
  (예: "밥 안 먹으면 장난감 안 줘.")

- 어른과 아이의 대화는 언어 발달에 매우 중요합니다.

- 대화의 목적은 아이의 잘못된 점을 고치는 데 있지 않습니다.

- 대화는 서로 주고받는 것입니다.

- 아이는 대화를 통해 어휘, 문법, 화용(말의 사용) 등 중요한 언어적 지식과 기능을 익힙니다.

말은 하면 할수록 늘 듯 아이와의 대화도 노력하면 더 나은 방향으로 바꿀 수 있습니다. 이어지는 내용들을 읽어보시고 어떻게 하면 아이와 즐겁게 대화할 수 있을지, 어떻게 하면 아이의 언어 발달을 도울 수 있을지 고민하고 실천해주세요.

아이들은 언제나 어른과 대화하고 싶어 합니다. 어른과 아이 모두 대화를 원한다면 그 대화는 어른과 아이 모두에게 즐거움을 주는 방향으로 흘러갈 확률이 높습니다. 약간의 기술을 더한다면 말이지요.

믿음과 무관심 사이

- "우리 아이가 다른 아이들보다 말이 늦을까 봐 걱정이에요. 아이의 사촌들도 말문이 늦게 틔었다고 해서 더 불안해요." (직장 맘, 35세)
- "때가 되면 말이 늘지 않을까요? 지금 당장 말이 늦다고 해서 고민할 일은 아니라고 봐요. 아이를 믿어야죠." (개인사업 맘, 37세)

아이의 언어 발달과 관련해 상담하다 보면 다양한 부모들을 만납니다. 일이 너무 바쁜 나머지 아이에게 소홀한 게 늘 마음에 걸린다는 아빠, 전업주부여서 전적으로 양육을 책임지는데 집에서 제대로 지도하지 못해서 다른 아이들보다 뒤처질까 봐 걱정하는 엄마, 부모의 역할은 중요하지만 어차피 모든 일은 '저절로' 되어가니 아이의 언어 능력도 자연스럽게 발달하리라 믿는 부모도 있습니다. 자기계발을 중요하게 여기는 한 엄마는 부모가 행복해야 아이도 행복하다면서 쉬는 날이면 아이를 다른 사람에게 맡기고 혼자만의 시간을 갖습니다. 아이들이 자유롭게 자라기를 바라는 어떤 아빠는 아이가 독립적으로 크려면 부모가 개입하지 않아야 한다고 생각해서 아이가 무엇을 하든 스스로 판단하게 내버려둡니다. 어른이 간섭할수록 아이의 성장이 더디다고 보는 것이죠.

이들 중에서 어떤 부모가 아이의 언어 발달에 도움이 될까요? 다행인 건, 부모의 양육 태도 때문에 아이의 언어 발달에 문제가 생기는 경우는 없다는 점입니다. 즉 부모가 신경을 써도, 아이가 알아서 하게끔 내버려둬도 언어는 발달합니다. 선천적으로 신체적·인지적 어려움이 있다거나, 너무 이른 나이부터 미디어에 많이 노출되었다거나, 학대를 받았다거나, 외부로부터 언어적 자극을 일절 받지 못하는 등의 특별한 경우가 아니라면 아이들의 언어 능력은 기본 단계까지 발달합니다. 부모의 양육 태도는 그 이후의 단계에, 즉 아이들이 소통 능력과 언어를 통한 학습 능력을 키울 때 영향을 미칩니다.

그렇다면 부모의 어떤 태도가 아이들의 소통 능력과 학습 능력을 발달시킬까요?

그 비밀은 '대화'에 있습니다. 아이들은 부모를 비롯한 어른과의 대화를 통해 다양한 언어적 지식과 기술을 배웁니다. 예를 하나 들겠습니다.

현준이 엄마는 퇴근길에 어린이집에 들러 아이를 데리고 집으로 가며 아이에게 말을 겁니다.

> 👩 **엄마** "오늘 어린이집에서 뭐 했어?"
>
> 👦 **아이** "꽃밭에 갔어."
>
> 👩 **엄마** "체험학습 했어? 텃밭 가꾸기 했구나?"
>
> 👦 **아이** "용찬이가 손에 흙 묻혔어."
>
> 👩 **엄마** "주말에 엄마 아빠랑 자연박람회장에 가자. 거기에도 꽃밭 있어. 알았지?"
>
> 👦 **아이** "응."

두 사람은 대화를 하고 있지만, 좀 어색합니다. 왜 그럴까요? 힘들게 일을 마치고 온 현준이 엄마는 아이의 오늘 안부가 궁금하고, 현준이는 어린이집에서 있었던 일들을 엄마에게 이야기하고 싶습니다. 그래서 엄마에게 조잘조잘 말하지만 엄마의 귀에는 현준이의 말이 잘 안 들어옵니다. 직장에서 있었던 일, 집에 가서 해야 할 일, 내일 일정 등으로 머릿속이 꽉 찼거든요. 그러니 아이의 이야기에 귀 기울이지 못하고, 미안한 마음에 주말에 아이와 더 많은 시간을 보내야겠다고 생각을 합니다.

이런 경우 대화는 단조롭게 흘러갑니다. '어른이 아이에게 뭔가를 해줘야 한다'고 생각하기 때문에 아이가 무얼 원하는지와 상관없이 부모의 판단을 일방적으로 전달하는 경우가 많지요. 그리고 아이의 능력을 과소평가해서 대화할 때 자꾸 테스트를 하거나 필요 이상으로 개입합니다. 그러면 아이가 말로 자기표현을 할 기회가 적어져요.

이번에는 세연이 엄마의 경우를 볼까요? 오늘은 일요일입니다. 거실에 세연이와 함께 있네요. 엄마는 TV를 보고, 세연이는 놀거리를 찾고 있습니다.

아이 "나 저거 해줘."

엄마 "블록?"

아이 "응. 농장 블록."

엄마 "네가 해봐."

아이 "같이 해."

엄마 "지금은 곤란해. 드라마 끝날 때까지만 놀고 있어. 혼자서도 잘 할 수 있지?"

이 경우, 아쉽게도 아이와 함께 놀이를 하면서 대화할 기회가 무산 되었군요.

세연이는 블록놀이를 엄마와 같이 하고 싶어 합니다. 놀이를 하면서 자기의 생각과 마음을 엄마에게 전달하고 능력을 인정받을 수 있기 때문이에요. 이런 일을 자주 겪는 아이와 그렇지 않은 아이의 의사소통 능력이 차이가 나는 것은 당연합니다.

이처럼 아이가 스스로 알아서 할 거라고 믿는 어른들이 아이와 나누는 대화 역시 단조롭습니다. 아이는 자기 입장과 원하는 것을 말하는

데 어른의 말에는 아이의 말에 대한 대응이 담겨 있지 않거든요.

좋은 대화의 요건은 '미안한 마음'이 아닙니다. 지금 이 순간 아이의 말에 귀 기울이는 집중력입니다. 아이가 알아서 잘할 거라고 믿는 마음도 중요하지만, 아이가 손을 내밀 때 언제든 다가갈 수 있는 마음을 항상 준비하고 있어야 합니다.

엄마 아빠의 대화 특징 활용하기

세 살 아이가 칭얼대면서 "맘마"라고 하면 엄마들은 보통 "어이구, 우리 용찬이 배고팠구나. 볼이 쏙 들어갔네. 엄마랑 같이 밥 먹자"라고 말합니다.

같은 상황에서 아빠들은 어떻게 대꾸할까요? 대부분 "배고파? 엄마한테 가서 밥 주세요, 해"라고 합니다.

네 살 아이가 길을 가다가 넘어지면 엄마는 이렇게 말합니다.

"어떡해, 어떡해. 무릎이 빨개졌네. 아유, 아프겠다."

아빠는 이렇게 말하지요.

"이런, 돌에 걸려 넘어졌구나. 집에 가서 약 바르자."

차이가 느껴지나요? 엄마는 아이의 아픔에 공감하고 이를 언어적으로 들려줍니다. 아빠는 원인을 알려주고 해결 방법을 제시하지요. 아이의 언어 발달을 도우려면 이 두 가지를 함께 말하는 것이 좋습니다. 아이의 아픔에 공감한 후 원인을 알려주고 해결 방법을 말로 설명해주면 아이는 훨씬 더 많은 것을 배울 수 있어요. 이렇게요.

"돌에 걸려서 넘어졌구나. 아프겠다. 빨리 집에 가서 약 바르자."

일반적으로 공감하는 언어는 어휘가 풍부하고 문장도 더 깁니다. 아이는 배울 점이 많지요. 반면에 지시하는 언어는 짧고 간단해서 아이가 이해하기 쉽지만 일방적입니다. 당연히 공감하는 언어가 아이의 언어 발달에 더 좋습니다.

다만 충분히 말을 주고받을 상황이 안 될 때, 예를 들어 아이가 위험하거나 잘못된 행동을 할 때는 짧고 쉬운 말로 지시해야 전달이 잘됩니다. "그걸 손으로 잡으면 뜨거워서 다쳐. 다음에는 그러지 마"라고 설명하기보다는 "조심해, 뜨겁다"처럼 짧고 분명하게 표현해야 아이가 다치지 않습니다.

다른 상황을 생각해볼까요?

엄마가 아이와 블록놀이를 합니다. 설명서에 나온 대로 동물 농장을 만들고 있습니다. 엄마가 말합니다.

"이걸 옆에 놓고 저 긴 걸 쌓아올리자. (아이가 블록을 쌓은 뒤) 그렇지,

아유, 우리 용찬이 잘한다."

아이에게 해야 할 행동을 알려주고 이를 아이가 수행하면 칭찬을 해줍니다. 아이는 엄마의 말을 들으며 '옆', '긴', '쌓아올리다' 등의 표현을 행동과 연결 지어 익힐 수 있습니다. 이미 아는 표현이라면 그 의미를 더 명확히 익혔을 테고, 몰랐던 표현이라면 새롭게 어휘 목록에 추가했을 것입니다.

같은 상황에서 아빠는 블록으로 동물 농장을 만든 뒤 이렇게 말합니다.

"호랑이가 나타났어. 어흥! 너를 잡아먹겠다."

극적인 상황을 연출해서 아이의 반응을 촉진하고 기다리지요. 그러면 아이는 아마도 "안 돼, 저리 가!" 또는 "호랑이가 안 나타났어. 여기는 호랑이 없어" 또는 "도망 가!"와 같이 말했을 겁니다.

엄마는 관련 낱말을 들려주며 언어 이해를 돕지만, 아빠는 돌발적인 상황을 연출해 아이의 언어 표현을 유도합니다. 대화놀이에서는 이 두 가지 방식을 조합하는 것이 좋습니다. 수용 언어(언어 이해)와 표현 언어(언어 표현) 기능을 고루 촉진할 수 있으니까요.

소꿉놀이를 하다가 갑자기 도둑이 드는 상황을 연출하거나, 탑 쌓기를 하다가 지진이 일어나서 무너지는 사건을 연출할 수도 있습니다. 이러한 상황 전환은 아이의 흥미를 유발해 놀이를 지속할 수 있게 해주는 동시에 새로운 낱말을 들려주고 아이가 표현하도록 유도하는 기회가 됩니다.

일반적으로 대화를 할 때 여성은 공감과 이해를 중요하게 여기고, 남성은 문제 해결과 목표 지향적 대화를 합니다. 물론 그렇지 않은 사람들도 많지만, 대체로 그런 특성이 있다고 생각하면 아이와 대화를 할 때 서로의 장점을 활용할 수 있습니다. 그러니 엄마 아빠가 자신의 대화 방식을 살펴보고 아이의 언어 발달에 도움이 되는 방식으로 서로의 장점을 활용해보세요.

아이 대화의 발달 과정

"어린애랑 무슨 대화를 해?"

어린아이들이 모든 면에서 서투르다 보니 이렇게 생각하는 어른들이 많습니다. 그러나 우리는 이미 어린아이들과 대화를 하고 있습니다. 아이가 옹알이를 하면 따라 하고, 소리를 내면 박수를 치며 환호하는 것이 대화입니다. 큰 소리로 '엄마' '아빠'라는 낱말을 들려주고, 아이가 입을 열 때마다 "아유~ 잘하네" 하며 칭찬하는 것도 대화이지요.

아이가 커서 낱말로 자기 의사를 표현할 때가 되면 더 적극적으로 대화를 합니다. 아이와 함께 이곳저곳을 다니면서 사물의 이름을 알려주고, 아이가 해야 할 말을 대신 들려주면서 낱말과 문장을 익히도록 돕습니다. 틀린 표현을 고쳐주고, 새로운 낱말을 설명하고, 질문을 통해 아이의 표현을 유도하기도 합니다. 이런 시도 모두 훌륭한 대화입니다. 제대로 말을 나누지는 않지만 실제로 대화를 하는 셈입니다.

아이들은 발달 시기에 따라 대화의 양상이 다릅니다. 어떻게 다른지 살펴보겠습니다.

◆ 생후 12개월 전후: 첫 낱말이 나오는 시기

개인차가 있지만, 평균적으로 생후 12개월 전후 즈음에 첫 낱말이 나옵니다. 그전에는 "푸−" "가가−"와 같은 옹알이가 전부입니다. 자신의 의사를 드러낼 때는 울음 같은 행동으로 표현하고요. 그래서 이 시기의 대화는 어른이 일방적으로 말하고 아이는 어른의 표정, 몸짓, 목소리에 반응하는 수준에 머무릅니다. 어른이 하는 말 중에서 아이가 이해하고 가장 크게 반응하는 말은 '엄마/아빠'와 같은 가족 호칭, '싫어/안 돼'와 같은 부정적 표현, '맘마(밥)' 등입니다. 말로 표현하지 않는다고 해서 이해를 못 하는 건 아니거든요.

이 시기의 대화는 다음과 같이 진행됩니다.

🧒 아이 "푸푸어."

👨 아빠 (아이와 눈을 맞추며 큰 소리로) "아빠라고? 아빠라고 했어, 지금? 와, 우리 나은이 대단해. 한 번 더 해볼까. 아−빠, 아−빠."

아이 "므어, 므어."

엄마 "뭐야? 엄마라고 한 거야? 엄마? 엄-마."

◆ 만 2-3세: 어휘가 늘고 문장을 이해하는 시기

첫돌 전후로 첫 낱말이 나오고, 만 2~3세쯤 되면 낱말과 낱말을 붙여 문장처럼 구사하는 짧은 대화를 하게 됩니다. 아이들의 인지력도 향상되어 지금 당장 눈에 보이지 않는 사물을 떠올리고 지나간 사건, 앞으로 생길 일에 대해 생각하고 간단한 문장으로 말할 수 있어요. 이 시기의 대화는 주로 어른이 아이에게 알려주는 식이에요.

아빠 "용찬아, 이거 봐라. 개미 지나간다. 개미. 따라 해봐. 개-미."

아이 "개미."

아빠 "그렇지! 우리 용찬이 똑똑하네. 그럼 이번에는 개나리 해볼까? '개나리.'"

아이 "개나리."

◆ 만 3-4세: 문장을 이해하고 표현하는 시기

아이가 만 3~4세가 되면 집중력이 발달하고 문장에 대한 이해력도 좋아집니다. 표현할 어휘도 많아져서 어려운 낱말도 곧잘 말합니다. 혼자 있을 때 누군가와 대화하듯이 중얼중얼 혼잣말을 하고, 자기 일을 마치 남의 일처럼 묘사하면서 행동하기도 합니다. 예를 들어 장난감 자동차를 굴리면서 "용찬이, 자동차 타고 가요"라고 말합니다.

이 시기 아이들의 언어는 자기중심적입니다. 모든 행위와 사건의 중심이 '나'예요. 그래서 상대의 입장을 이해하거나 상대 입장에서 사건을 바라보는 일에 미숙합니다.

아이 "엄마, 나 저거 사줘."

엄마 "안 돼. 다음에 사자."

아이 "싫어, 저거 사줘."

엄마 "오늘은 안 된다니까."

아이 "왜 안 돼? 나은이는 샀다고."

엄마 "알았어. 다음에 사줄게."

아이 "다음에 언제?"

◆ 만 5-6세: 추상적·논리적 사고가 발달하는 시기

이 시기에는 추상적이고 개념적인 낱말과 비유적이고 간접적인 표현을 이해합니다. 모국어의 문법을 익혀서 적절하게 조사와 어미를 활용할 수 있어요. 사건의 원인과 결과를 이해하고 미래를 예측할 수 있습니다. 게다가 나와 다른 사람의 생각을 구분하고 추정할 수 있게 됩니다. 비로소 대화다운 대화가 시작되는 시기이지요.

아이　"나 이거 할래."

아빠　"그거 지금 하면 책 읽을 시간이 없잖아."

아이　"이거 먼저 하면 되지."

아빠　"아빠가 너 그러는 거 좋아해, 싫어해?"

아이　"미안해. 오늘만 이거 먼저 하고 책은 내일 읽을게."

젖먹이 때부터 만 5~6세까지는 아이들의 언어·인지·신체 기능이 급격하게 발달하면서 대화 방식도 다채롭게 변화하는 시기입니다. 그래서 이 시기에는 아이의 발달 단계에 맞게끔 언어적 자극을 주고 반응하는 것이 중요합니다. 그리고 아이 눈높이에 맞는 대화를 해야 합니다. 과도한 기대도, 아이가 아무것도 모를 거라고 생각하고 성의 없게 대화하는 것도 좋지 않습니다. 그러니 아이의 언어 발달에 맞게 대화를 하세요. 이는 앞서 "어린애랑 무슨 대화를 해?"에 대한 대답이기도 합니다.

아이의 언어 발달을 돕는 부모의 마음가짐

"마음은 아이와 재미있게 대화를 하고 언어 발달도 돕고 싶은데, 왜 안 되는 걸까요?"

이렇게 묻는 분들이 있습니다. 아이와 대화가 잘 안 되는 이유는 어른마다 대화 습관이 있고, 아이들에 대한 편견도 있기 때문입니다. 사실 언어 발달을 돕는 대화법은 어렵지 않습니다. 다만 노력이 필요해요.

우선, 아이들에 대한 편견을 깨야 합니다. 이제부터라도 다음과 같이 생각을 바꾸어보세요.

◆ '이 아이도 나도 똑같은 인간이구나'

아이들은 미숙합니다. 몸은 작고, 생각도 행동도 아직은 자기중심적이에요. 그래서일까요? 어른들은 아이들과 대화하려고 하기보다 가르치고 통제하려고 합니다. 그러다 보니 '아이들=골칫거리'라는 생각이 들고, 아이들과 함께 있다 보면 마음에 안 드는 것만 눈에 보이죠. 게다가 아이는 보호해야 할 대상이라고 생각합니다. 그래서 혹시라도 아이가 잘못되면 어떡하나 싶어 노심초사합니다. 그런 마음으로 아이와 시간을 보내면 금세 지치고, 온전한 대화는 불가능해집니다.

그런데요, 냉정한 눈으로 보면 어른도 완벽한 존재는 아닙니다. 다큰 어른도 미숙할 때가 있어서 뻔한 실수를 하고 후회도 합니다. 서른이 되고 마흔이 되어도 그런 일은 늘 생겨요. 아이만 그런 게 아닙니다. 어떤 의미에서 보면 어른은 '키가 큰 아이'에 불과합니다. 세상에 완벽한 사람은 없고 그럴 필요도 없다고 생각하면 아이의 미숙함에 너그러워질 수 있습니다.

그러니 아이와 대화할 때 '너도 나와 다르지 않은 사람이구나' 하는 마음을 가져보세요. 어른과 아이의 관계이기 전에 인간 대 인간으로 만난다고 생각해보세요. 그러면 마음이 편해져 대화의 내용이 달라질 거예요.

◆ '말을 하기보단 많이 들어줘야지'

'내가 말을 많이 해야 아이가 말을 배우지 않을까?' 하는 우려는 잠시 접어두세요. 대신 많이 들어주세요. 아이의 말을 끝까지 듣다 보면 어른이 말할 기회도 생깁니다. 하루에 한 번 일방적으로 내 이야기만 하는 대화와 하루에 열 번 서로 이야기를 나누는 대화 중 어느 것이 아이의 언어 발달에 도움이 될지는 조금만 생각하면 분명해집니다.

그러니 아이가 말을 걸면 끝까지 들어주세요. 마음에 안 들거나 틀린 부분이 있더라도 말이 끝날 때까지 기다려주세요. 다 듣고 나서 고쳐주면 되니까요. 아이와 대화할 때는 여유가 필요합니다.

◆ '아이의 말에 온전히 집중해야지'

식탁을 치우거나 양말을 갈아 신으면서 건성으로 대화하는 일이 많지 않았나요? 오늘은 그런 행동을 멈춰보세요. 몸을 낮추고 아이를 보며 아이의 말에 귀 기울이세요.

이런 행동은 '너의 말을 들을 준비가 충분히 되었단다'라는 신호가 됩니다. 하지만 어른이 주목하지 않으면 아이들은 '내 말은 중요하지 않구나'라고 받아들입니다.

아이에게 대화는 자신의 존재를 인정받는 경험이어야 합니다. 어른에게 그런 신호를 받는다면 아이는 신이 나서 말을 하게 될 거예요. 그리고 그 시간들을 자꾸만 기다릴 거예요.

◆ '아이와 조건 없이 대화해야지'

아이와 대화할 때는 '이걸 가르쳐야지' '아이를 똑똑하게 만들어야지' 하는 마음은 내려놓고, '즐거운 시간을 가져야지' '내 마음을 전해야지' '내가 가진 지식과 경험을 나누어야지(가르치는 게 아니에요)' 하고 다짐하세요. 그러면 자연스레 대화가 풍부해지고 아이는 그 안에서 많은 것을 배울 수 있습니다. 좋은 결과를 얻으려면 과정에 충실해야 합니다.

아이의 언어 발달을 돕기 위한 다짐

- 아이를 동등한 대화 상대로 본다.
- 아이의 말을 많이 듣는다.
- 아이의 말에 집중한다.
- 조건 없이 대화한다.

어른인 내가 마음을 어떻게 먹느냐에 따라 대화 내용은 달라집니다. 생각은 표정과 말투, 몸짓을 통해 드러나기 마련이고 아이들은 이러한 신호를 아주 잘 포착하거든요. 자신이 존중받는다고 느낄 때, 상대가 내 이야기를 잘 듣고 있다고 여겨질 때 아이는 말할 수 있습니다. 생각과 달리 대화가 짜증으로 끝나거나 아이를 다그치게 될 때는 위의 네 가지 다짐을 떠올리며 아이와 대화할 마음의 준비를 하세요.

2장

(기초대화편)

아이의 마음을 헤아리며
대화를 이어가요

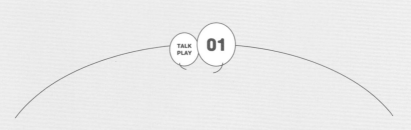

★ 적어도 3가지는 얻을 수 있어요 ★

대화를 하면 좋은 점

대화를 하면 좋은 점이 참 많습니다. 특히 아이들과 나누는 대화는 아이들의 언어 발달을 돕고, 어휘력을 늘리며, 아이의 성장을 지켜보는 행복까지 느낄 수 있는 소중한 순간입니다.

우리는 일상에서 무수히 대화를 나눕니다. 다양한 방식으로 다양한 사람들과 대화를 하지요. 어떤 대화는 분명한 목적이 있습니다. 업무를 지시할 때, 협상할 때의 대화가 그래요. 어떤 대화는 대화 그 자체를 목적으로 합니다. 오랜만에 만난 친구와 서로의 안부를 묻는 대화, 퇴근 후 가족들과 식탁에서 나누는 대화가 그렇습니다. 이때의 대화는 대개 '그냥' 하는 거예요.

어떤 사람들은 '필요한 말'만 하는 게 옳다고 말합니다. 그 외의 대화는 무의미하다고 생각해요. 하지만 세상에 무의미한 대화는 없습니다. 어떤 대화라도 대화하기 전과 후는 분명히 다르니까요. 우리는 일상의 대화를 통해 다음과 같은 결과를 얻어요.

정보 교류

대화를 통해 우리는 정보를 주고받습니다. 무엇이 어땠는지, 누가 무엇을 했는지, 왜 그랬는지, 어떻게 했는지, 언제 무슨 일이 있었는지 등을 상대에게 알려주지요. 그리고 상대의 말을 들으며 몰랐던 정보를 얻기도 합니다.

정서적 유대감 형성

대화로 주고받는 정보에는 생각과 느낌도 포함됩니다. 사건이나 사실을 이야기할 때 자신의 의견을 덧붙이고, 뉘앙스나 표정을 통해 감정을 전달합니다. 물론 직접적으로 자신의 느낌과 생각을 말할 수도 있어요. 그렇게 우리는 상대가 어떤 마음인지 알게 되고, 나의 마음도 전할 수 있습니다. 서로를 수긍하고 인정하면서 교감하는 것이지요. 내가 어떤 사람에게 받아들여지고, 반대로 내가 누군가를 받아들이는 경험은 상호 유대감을 강화합니다.

셀프 피드백

대화를 통해 자신의 생각을 바로잡거나 상대와 의견을 절충합니다. 이때의 대화는 일종의 거울 역할을 합니다. 내 말이 다른 사람들에게 어떻게 들리는지를 상대의 반응을 통해 객관적으로 이해할 수 있어요.

이 세 가지 특징은 아이의 언어 발달을 돕는 대화에서 다음과 같이 적용할 수 있어요.

◆ 정보 교류로 언어 발달 돕기 ─────────

정보 교류를 위한 대화는 어른이 아이에게 직접 정보를 전달하는 방식으로 이루어집니다. 새로운 낱말이나 문장 표현을 '제시'하지요. 예를 들면 이렇습니다.

- (우유를 가리키며) "예준아, 이건 우유야. 우유 해봐, 우−유."

- (길을 가다가) "나은아, 이거 나비다, 호랑나비네."
- (배웅하며) "용찬아, 할아버지 안녕히 가세요, 해야지."

◆ 정서적 유대감 형성으로 언어 발달 돕기 ─────

정서적 유대감은 아이의 상태를 어른이 짐작해서 적절한 표현으로 들려주면서 형성됩니다.

> 🧑 **아빠** (아이의 찡그린 얼굴을 보며) "용찬이, 밥 먹기 싫어?"
>
> 👦 **아이** (끄덕끄덕)
>
> 🧑 **아빠** "밥 먹기 싫구나. 밥-먹-기-싫-어-요."
>
> 👦 **아이** "밥 먹기 싫어요."
>
> 🧑 **아빠** "그래 알았어. 밥 먹지 말자." (식기를 치웁니다.)

아이의 말을 받아주고(수용적 대화) 칭찬을 해서 표현하게 이끌 수도 있습니다. 이때 비언어적 요소인 표정, 몸짓, 눈빛, 목소리 톤 등이 매우 중요합니다.

> 👦 **아이** (자전거를 타며) "엄마, 잡아."
>
> 👩 **엄마** "알았어. 자, 엄마가 잡았다. 앞으로 가."

🧒 **아이** (발로 자전거 페달을 밟습니다.)

👩 **엄마** (아이를 보며 놀란 표정으로) "와, 정말 잘했어. 용찬이가 자전거를 잘 타네!"

◆ 피드백으로 언어 발달 돕기

아이와의 대화에서 피드백은 아이의 말에 반응하되 올바른 표현에는 반응하고 잘못된 표현에는 반응하지 않는 방식으로 이루어집니다. 그럼으로써 올바른 표현을 유도할 수 있지요.

🧒 **아이** (수저를 집어던지며) "안 해."

👨 **아빠** (수저를 제자리로 돌려놓으며 차분한 표정으로) "밥-먹-기-싫-어-요."

🧒 **아이** "밥 먹기 싫어요."

👨 **아빠** "용찬이, 밥 먹기 싫구나. 그래 먹지 말자." (식기를 치웁니다.)

이렇게 올바른 표현을 알려주면 아이가 다음에는 수저를 집어던지는 대신 "~하기 싫어요"와 같이 마음을 말로 표현할 수 있습니다. 상대의 반응을 통해 자신이 해야 할 올바른 표현을 알게 되는 것이지요.

어른이 아이의 표현을 직접 바르게 고쳐서 다시 들려주는 방법도 있습니다.

🧒 **아이** "호양이가 어흥 했어."

👩 **엄마** (호랑이를 가리키며) "그래 맞아, 호랑이가 어흥 했어."

🧒 **아이** "우유 컵 마셔."

👩 **엄마** (우유를 컵에 따르며) "그래, 우유를 컵에 따라서 마시자."

🧒 **아이** "아빠, 장갑 해."

👨 **아빠** (장갑을 손에 끼워주며) "그래, 우리 나은이 손에 장갑 끼자."

정보 교류(알려주기)−정서적 유대감 형성(반응하기)−피드백(수정하기), 이 세 가지는 이 책에서 소개하는 대화놀이의 기본 골격입니다.

★ 대화의 과정을 알리는 신호를 보내요 ★

대화가 자연스러워지는
신호들

아이와 대화를 시작하기가 힘든가요? 대화가 좀처럼 이어지지 않나요? 아이의 돌발 행동으로
대화에 집중이 안 되나요? 그럴 땐 대화의 과정을 알리는 신호들을 사용해보세요.

우리가 일상에서 나누는 대화의 과정을 한번 들여다보겠습니다.

우선, 대화의 시작입니다.

- "용찬아, 이리 와봐."
- "나은아, 뭐해?"
- "엄마, 이거."
- "아빠, 여기."

위의 예시처럼 대화는 서로의 이름이나 호칭을 부르면서 시작됩니다. 이는 상대에게 주의를 요청하는 일이며, 내 말을 들어보라는 신호이지요. 이름을 불렀을 때 돌아보지 않거나 대답하지 않으면 대화할 의지가 없는 것으로 간주한다는 뜻이기도 합니다. 그러니 아이가 부르면 다정한 얼굴로 돌아보세요. 그러지 않으면 아이가 실망해서 입을 닫거나, 자기 말을 들어달라는 의미로 어른이 하는 일을 훼방 놓을지도 모릅니다.

이렇게 '이름 부르기-대답하기(돌아보기)'로 시작된 대화는 '차례대로 주고받기(turn taking)'를 통해 진행됩니다. 한 사람이 말을 하는 동안 다른 사람은 듣습니다. 상대의 말이 끝나 자기 차례가 오면 말을 합니다. 이때 상대는 듣는 사람이 됩니다. 대화는 이렇게 차례를 주고받으면서 이어집니다. 두 사람이 동시에 말하면 대화가 이어질 수 없어요.

그렇다면 상대의 '내 말이 끝났다'는 신호는 무엇일까요? 바로 '쉼'입니다. 상대가 말을 마치고 그다음 말을 하지 않으면 '이제 내가 말할 차례구나' 하고 생각하면 됩니다. 이때의 쉼은 무전기로 통신할 때의 '오버'와 같은 기능을 합니다. 1초 혹은 2초밖에 안 되는 짧은 시간이지만 우리는 그 신호를 알아차립니다.

쉼은 화제를 전환할 때도 쓰입니다. 어떤 화제가 끝나고 다른 화제에 대해 말을 하려고 할 때 우리는 말을 쉽니다.

🧑 **엄마** "민서랑 놀다 왔다고?"

🧒 **아이** "응, 모래 놀이 했어."

(1초간 침묵)

🧑 **엄마** "옷에 뭐 묻었다."

대화의 과정과 각 과정을 알리는 신호

대화의 시작 : 이름이나 호칭 부르기

▼

대화의 진행 : 차례대로 주고받기

▼

차례 바꾸기 및 화제 전환 : 쉼

▼

대화의 종결 : 시선 거두기, 장소 옮기기

아이 (소매를 들여다보며) "물감 묻었어."

대화를 마칠 때는 어떨까요? 보통 자리를 뜨거나 시선을 거두는 것으로 대화는 종결됩니다.

아이와 함께 있는데 느닷없이 대화가 시작되고 끝난다거나, 다른 일을 하면서 대화한다거나, 자꾸 화제가 끊기고 여러 가지 화제가 한꺼번에 등장해서 도무지 대화에 집중이 안 된다면 위의 신호들을 적용해보세요. 즉 대화를 시작할 때 아이를 부르고, 이리저리 돌아다니며 대화하는 대신 한자리에서 아이와 마주봅니다. 말할 때는 차례를 지키고, 말이 끝나면 쉬면서 아이가 말하기를 기다립니다. 산만한 아이일수록 이러한 시작-진행-끝에 대한 분명한 신호가 필요합니다.

★ 눈빛으로 몸짓으로 말해요 ★

비언어적 요소의 중요성

사랑스러운 눈빛과 고갯짓만으로도 아이는 말할 용기를 얻습니다. 아이들과 대화할 때는 몸짓, 눈빛, 표정, 목소리 크기와 억양, 몸짓 등에도 신경을 써주세요.

아이들은 비언어적 요소에 민감합니다. 비언어적 요소란 말할 때 의미를 전달하지만 언어적 요소가 아닌 것을 말합니다. 몸짓, 눈빛, 표정, 손짓, 말하는 분위기, 목소리 크기와 억양 따위가 대표적이지요. 때로 말의 내용과 비언어적 신호가 일치하지 않을 때가 있는데 이 경우에 아이들은 비언어적 신호를 더 신뢰합니다.

예를 들어 어른이 아이의 말을 귀담아 듣고 아이에게 이런저런 표현과 낱말을 들려주기 위해 애를 쓰면서 귀찮아 죽겠다는 표정을 짓는다면 어떨까요? 아이는 어른의 표정을 보고 '나를 귀찮아하는구나'라고 생각해 대화 의욕을 잃을 수 있어요.

아이들과 대화할 때 어른들이 신경 써야 할 비언어적 요소는 다음과 같습니다.

◆ 눈빛은 거짓말을 못 한다

때로 눈빛은 말보다 더 많은 것을 말해줍니다. 우리는 대화를 시도할 때 상대의 눈을 먼저 봅니다. 상대가 나를 어떻게 생각하는지, 지금 대화할 마음이 있는지를 단번에 알아차릴 수 있기 때문이에요. 아이들도 마찬가지입니다. 애정이 담긴 눈빛, 반기는 눈빛, 편안한 눈빛, 못마땅한 눈빛, 탐색하는 눈빛, 책망하는 눈빛, 미안해하는 눈빛을 보며 어른이 자기를 어떻게 생각하는지를 알아챕니다.

눈빛을 만드는 것은 무의식적인 생각입니다. 그래서 대화를 할 때는 상대의 말뿐만 아니라 자신의 마음도 보아야 해요. 내가 지금 이 순간을 편해하는지, 의무감 때문에 마음에도 없는 말을 하고 있는 건 아닌지 살펴보세요. 대화하기에 마음이 편하지 않다면 아이에게 양해를 구하고 대화를 미루는 것도 좋은 방법입니다.

우리 눈에는 수많은 말이 담겨 있습니다. 숨길 수 없다면 솔직해지는 것이 효과적이에요.

◆ 표정은 분명하게 짓는다

이맛살을 찌푸리고 하는 말과 입꼬리가 올라가면서 하는 말은 다릅니다. 아이들도 그 의미를 잘 알아요. 표정에는 말하는 사람의 기분, 의도가 담겨 있으니까요.

아이들은 어릴수록 상대의 표정에 민감합니다. 그래서 어떤 말이나 행동을 한 뒤에 어른의 표정을 살피면서 자신의 말과 행동이 어떻게 받아들여지는지를 파악합니다. 하지만 어린아이들은 어른들이 짓는 미묘한 표정까지는 구분하지 못합니다. 그래서 과장된 표정을 좋아하지요.

여기서 말하는 '과장된 표정'은 아이의 말을 어떻게 받아들였는지를 분명히 표현한 표정을 말합니다. 기쁘다면 손뼉을 치며 아주 기쁜 표정을, 놀랐다면 눈을 동그랗게 뜨고 아주 놀란 표정을 짓는 식이지요. 한 마디로 '오버액션'이라 할 수 있어요. 아직 말에 익숙하지 않은 아이에게 어른의 분명한 표정은 불확실성을 제거해주는 최고의 신호입니다. 그러니 과하다 싶을 정도로 기쁜 표정, 놀란 표정, 슬픈 표정을 지어주세요. 아이는 그 표정을 보고 싶어서 거듭 말을 꺼낼 것입니다. 아이와 대화할 때 어른은 연극배우가 되어야 합니다.

◆ 목소리 크기와 억양은 긍정과 부정을 가른다

목소리 크기와 억양은 말의 의미에 영향을 미칩니다. "잘한다"가 정말 잘한다는 칭찬인지 비꼬는 말인지는 음색과 운율에 따라 판단할 수 있어요. 어린아이들은 아직 그 차이를 알지 못합니다. 대신 긍정의 의미인지 부정의 의미인지는 쉽게 알아챕니다. 긍정의 말은 부드럽고 낮은 반면, 부정의 말은 크고 엄격하기 때문입니다. "그러자"라고 말할 때와 "안 돼"라고 말할 때의 차이를 생각해보면 금방 이해될 거예요.

어른의 말을 따라 말해야 하는지 듣고 있어야 하는지도 목소리로 판단합니다. 대화 중간에 어른이 "맘-마↗" 하고 말하면 아이는 즉시 "맘마"라고 합니다. 말끝을 늘이면서 음을 높이면 따라 말하라는 신호로 이해하지요.

대화할 때 내가 어떤 목소리로 말하는지 한번 체크해보세요.

◆ 몸짓은 대화를 계속 해도 된다는 신호다

몸짓을 통해 상대에게 경청하고 있다는 신호를 줄 수 있습니다. 예를 들어 아이가 말할 때 고개를 끄떡이면 아이는 '계속 말해도 된다'는 신호로 받아들입니다. 그러면 마음 놓고 다음 말을 이어갑니다.

> 아이 "비가 왔어."
>
> 아빠 (고개를 끄덕입니다.)
>
> 아이 "우산을 쓰고 마당으로 나갔어."
>
> 아빠 "비가 많이 왔구나?"
>
> 아이 "응, 많이 왔어. 바닥에 물이 뚝뚝 떨어졌어."
>
> 아빠 "그랬구나." (고개를 끄덕입니다.)

아이들은 어른들의 반응에 반응합니다. 어른들의 눈빛과 표정으로 의도를 읽고 음색을 통해 감정을 느낍니다. 몸짓을 보고 자신이 한 말에 대한 피드백을 받습니다. 이러한 신호는 아이들과의 대화에 큰 영향을 미칩니다.

거울을 보고 지금 내 표정이 어떤지 확인하세요. 마음을 들여다보면서 지금 내 마음이 아이와 대화할 준비가 되어 있는지 살펴보세요. 아이가 처음 세상에 나왔던 순간을 떠올리며 목소리를 가다듬고 미소를 지어보세요. 사랑스러운 눈빛과 고갯짓만으로도 아이는 말할 용기를 얻습니다. 아이들과의 대화는 온몸으로 해야 합니다.

아이와 대화하기 전 마인드컨트롤하기

어른들은 바쁩니다. 스트레스도 이만저만이 아니고요. 그럼에도 불구하고 늘 온화한 미소를 머금고 아이와 대화를 하는 건 쉬운 일이 아니에요. 그래서 한 가지 방법을 알려드립니다. 일종의 명상 기법인데요. 아이들과 대화하기 전 마음을 가다듬을 때 응용하면 좋습니다. 딱 3분이면 됩니다. 다음의 순서로 합니다.

❶ 발바닥을 바닥에 댄 채 의자에 앉습니다. 허리를 펴고, 무릎과 다리는 90도를 유지합니다.

❷ 눈을 감고 천천히 코로 숨을 들이마십니다. 공기가 코와 비강을 지나 기도를 통해 폐로 들어가는 것을 마음의 눈으로 바라봅니다.

❸ 입으로 숨을 내쉽니다. 몸 안을 가득 채웠던 공기가 빠져나가는 것을 마음의 눈으로 바라봅니다.

❹ 이번에는 숨을 들이마시면서 정수리에 감각을 집중합니다. 세상에서 가장 사랑스러운 존재인 내 아이에 대한 사랑이 빛처럼 정수리를 통해 들어와 내 몸 안으로 퍼져나간다고 상상하세요. 그 빛을 마음의 눈으로 바라봅니다.

❺ 숨을 내쉬면서 아이에게 품었던 나쁜 마음이 검은 연기처럼 몸 밖으로 빠져나간다고 상상하세요. 아이에 대해 서운했던 감정, 화가 났던 마음이 내쉬는 숨과 함께 몸 밖으로 사라집니다. 이때 '나쁜 마음'을 피하거나 억누르려 하지 말고 있는 그대로 바라보는 게 중요합니다.

❻ 1~5번 과정을 반복하며 3분 동안 호흡을 계속합니다. 공기가 몸 안에서 빠져나올 때는 천천히 호흡을 유지하면서 눈을 뜹니다.

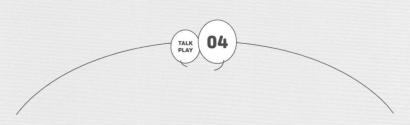

★ 아이가 말할 기회를 빼앗지 마세요 ★

아이의 말문을 닫는 어른의 말

아이와의 대화가 이어지지 않고 금방 끊긴다면 자신의 대화 방식을 되돌아보세요. 분명 원인이 있을 거예요.

간혹 부모님들로부터 "아이의 말 표현을 늘리려면 어떻게 해야 하나요?"
라는 질문을 받습니다. 이 질문에 대한 제 대답은 간단합니다. "아이가
계속 말하게 하세요"입니다. 달리 말하면, 아이의 말을 막지 않는 거예
요. 일상에서 우리는 아이가 말할 기회를 자주 빼앗습니다. 다음과 같
은 말들로요.

◆ 재촉하기: "시간 없어. 빨리 말해."

어른들은 바쁩니다. 항상 무언가를 하고 있어요. 눈치를 보던 아이
가 다가와 말합니다.

> 아이   "아빠."
>
> 아빠   "뭐?"
>
> 아이   "저거."
>
> 아빠   "아빠, 바쁘니까 빨리 말해. 저거, 뭐?"
>
> 아이   (색종이를 가리키며) "저거 해."
>
> 아빠   "지금은 그럴 시간 없으니까 다음에 하자. 알았지?"

대화 시간 10초.
이런 식의 대화는 아이가 자신의 요구를 설명할 기회, 즉 더 많은 낱

말로 문장을 구성할 기회를 빼앗습니다. 아이는 빨리 '요점'만 이야기해야 하니까요. 그리고 이런 '빨리빨리' 분위기는 아이로 하여금 '실패'를 예감하게 합니다. 상대가 대화에 호의적이지 않다는 느낌을 받았으니 당연히 대화에 소극적일 수밖에 없습니다.

이럴 때는 1분만 쉬어 간다는 마음으로 아이의 말을 들어주세요. 당장 놀아줄 시간을 내는 게 무리일 수 있고 아이의 요구를 들어줄 상황이 아닐 수도 있습니다. 그럴 때는 '기다려'를 사용하세요. 일단 아이의 말을 듣고 나서 기다려달라고 하면 됩니다.

> 아이   "아빠."
> 아빠   (하던 일을 멈추고 아이 얼굴을 보며) "응."
> 아이   "나랑 저거 하자."
> 아빠   "종이접기 하고 있었니?"
> 아이   "응. 혼자 하면 심심해. 아빠랑 같이 할래."
> 아빠   "미안한데, 지금은 아빠가 시간이 없어. 기다려줘. 10분만 있다가 같이 하자."

대화 시간 20초.

앞서의 대화와 10초 이상 차이가 나지 않아요. 하지만 아이의 표현은 차이가 큽니다. 앞서의 대화가 세 개의 낱말로 끝났다면(아빠-저거-해) 위의 대화는 낱말 수도 많고 문장 표현도 나왔습니다. 어떤 것이 아이의 언어 발달에 좋은지 아시겠죠?

아이가 지금 당장 놀아달라고 보챌 수 있습니다. 그러나 어른이 약속을 지킨다면(10분 뒤에 같이 종이접기를 한다면) 다음에 유사한 상황이 벌어졌을 때 보채지 않고 어른이 놀아줄 때를 기다릴 확률이 높습니다.

만약 아이가 '10분'의 개념을 아직 모른다면 시계를 보여주세요. 바늘의 위치(디지털시계라면 숫자)를 보여주면서 "바늘이 여기에 왔을 때(숫자가 ○○로 바뀌었을 때) 같이 하자"고 말해주세요. 아이에겐 '물증'이 필요합니다.

◆ **예단: "그런 거야? 아니긴 뭐가 아니야, 그런 거 맞지?"** ────

> 아이 "아빠."

> 아빠 "뭐?"

> 아이 "저거."

> 아빠 "종이접기 하자고? 안 돼."

> 아이 "아니."

> 아빠 "아니긴 뭐가 아니야. 다음에 하자. 알았지?"

여기서도 아이의 표현은 세 개의 낱말이 전부입니다(아빠-저거-아니). 하지만 어른이 아이의 말을 끝까지 들었다면 어땠을까요?

아이 "아빠."

아빠 "응?"

아이 "저거."

아빠 "저거 뭐?"

아이 "가위 없어."

아빠 "아, 가위가 없어?"

아이 (끄덕끄덕)

아빠 "가위로 뭘 할 건데?"

아이 "가위로 종이 오릴 거야."

아빠 "그래, 알았어. 가위로 종이 오릴 거구나. 가위 가져다줄게."

아이가 원한 건 가위였네요. 같이 종이접기를 하자는 게 아니었어요.
어른이 끝까지 들어준 덕분에 아이는 "가위 없어" "가위로 종이 오릴 거
야"라는 표현을 더하면서 자신의 의도를 정확한 문장으로 전달할 수 있
었습니다.

◆ 즉시 수정: "그게 아니잖아. 똑바로 말해봐."

아이가 말을 틀리게 하면 어른은 고쳐주려고 합니다. 이를 토대로
아이들은 바른 말을 배울 수 있어요. 하지만 단점도 있습니다. 대화가

끊겨요. 이런 상황을 반복해서 경험하면 아이는 뭔가 잘못되었다는 생각을 하면서 말문을 닫아버릴 수 있습니다.

아이   "아빠, <u>가이.</u>"

아빠   "가이가 뭐야 가이가, 똑바로 말해야지. 따라 해봐. 가위."

아이   "……."

———————

아이   "오늘 <u>선생님이가</u> 그러는데."

아빠   "선생님이가가 아니라 선생님이. 다시 해봐. 선, 생, 님, 이."

아이   "……."

위의 방법보다는 이런 방법은 어떨까요?

아이   "아빠, <u>가이.</u>"

아빠   "<u>가위?</u> 가위를 어떻게 할까?"

아이   "<u>가이</u> 줘."

아빠   "<u>가위</u> 줘? 가위로 뭘 하게?"

아이   "종이 오릴 거야."

아빠   "가위로 종이 오릴 거구나. 그래 알았어, 가위 줄게."

———————

아이   "엄마, 오늘 <u>선생님이가</u> 말했어."

🧑 **엄마**   "<u>선생님이</u> 뭐라고 하셨니?"

👧 **아이**   "용찬이가 아프대."

🧑 **엄마**   "용찬이가 아프대? <u>선생님이</u> 용찬이가 아프대? 그래서?"

👧 **아이**   "응, 용찬이가 아프대. 그래서 못 나왔대."

🧑 **엄마**   "그랬구나. 용찬이가 빨리 나으면 좋겠다."

이렇게 어른이 바른 말로 고쳐 말하며 대화를 이어가는 게 좋습니다. 그러면 아이가 어른의 표현을 듣고 스스로 고쳐가며 말할 수 있어요.

◆ 외면: "알았어, 알았으니까 그만해."

👧 **아이**   "엄마, 내가……."

🧑 **엄마**   "뭐? 뭘 어떻게 했는데?"

👧 **아이**   "물 엎질러서……."

🧑 **엄마**   (휴지를 건네며) "알았어. 알았으니까 말 그만하고 가서 닦아."

이런 어른의 반응이 주는 메시지는 분명합니다. '어휴, 귀찮아' '저 문제투성이' '너 때문에 내가 못살아' '도대체 넌 왜 이 모양이니?'……. 겉으로 드러내지는 않았지만 아이는 이미 그런 말을 들은 기분일 거예요. 말문이 막히는 것은 둘째 치고 마음에 상처를 받습니다.

🧒 아이 "엄마, 내가……."

👩 엄마 "우리 용찬이, 무슨 일이 있었니?"

🧒 아이 "물 엎질러서……."

👩 엄마 "물을 엎질렀구나. 그래서?"

🧒 아이 "내가 휴지로 닦았는데, 휴지 더 줘."

👩 엄마 "아, 휴지가 부족하구나. 알았어. 휴지 줄게. 우리 용찬이가 혼
자서도 잘하네. (휴지를 건네며) 가서 닦아."

대화가 길어지면서 아이는 제 할 말을 다 했습니다. 곧 상황은 수습
될 것이고, 아이는 어른의 도움을 받아 스스로 상황을 해결하고 통제했
다고 느낄 것입니다. 이런 느낌은 곧 자존감과 연결되고요. 어떤 대화가
아이의 언어 발달과 정서 발달에 좋은지는 의심의 여지가 없습니다.

◆ **무덤덤한 반응: "어, 그래."**

아이의 말문을 막는 또 하나의 대화 방식은 바로 무관심입니다.

🧒 아이 "아빠, 이거 봐봐."

👨 아빠 (휴대폰에서 눈을 떼지 않은 채) "뭔데?"

🧒 아이 "빙글빙글 돌아가."

아빠 (휴대폰에서 눈을 떼지 않은 채) "그러게. 잘 도네."

아이 "……."

아이가 어른에게 말을 걸 때는 항상 원하는 게 있습니다. 그게 물건일 수도 있고 관심일 수도 있어요. 물건일 때는 그 물건을 줍니다. 관심일 때는? 관심을 주면 됩니다.

아이 "아빠 이거 봐봐."

아빠 (아이가 손으로 가리키는 곳을 보며) "오~ 신기한데!"

아이 "빙글빙글 돌아가."

아빠 "우와, 정말 팽이가 빙글빙글 돌아가네. 어떻게 한 거야?"

아이 "이걸 이렇게 해서 이렇게 당기면 돼."

아빠 "아하, 이 줄을 끼운 다음에 잡아당기면 되는구나."

아이 "그러면 돼."

아빠 "재미있네. 나중에 아빠랑 같이 하자."

관심을 갖고 아이에게 방법을 물었더니 신이 나서 설명합니다. 자기가 아는 것을 상대에게 효과적으로 전달하는 것은 언어 발달에서 중요한 화용적(언어 사용 측면) 기술입니다. 어른의 관심이 이를 촉진할 수 있어요.

◆ 아이 수준보다 높은 요구하기: "좀 더 자세히 설명해봐."

어른이 아이에게 부연 설명을 요구하는 것은 아이의 표현을 가다듬고 문장 표현을 촉진하는 좋은 방법입니다. 그런데 주의할 게 있습니다. 아이의 발달 수준에 맞아야 한다는 거예요.

> 🧒 **아이**　"엄마, 오늘 나들이 갔어."
>
> 👩 **엄마**　"그랬구나. 누구랑 갔는데?"
>
> 🧒 **아이**　"선생님이랑 애들이랑."
>
> 👩 **엄마**　"차는 안 막혔어? 오늘 뉴스 보니까 톨게이트부터 지체됐다는데."
>
> 🧒 **아이**　"차가 천천히 갔어."
>
> 👩 **엄마**　"주말엔 하남인터체인지가 병목현상이 심해. 그래도 거기 지나고 나서 정체가 좀 풀리지 않았니? 엄마가 궁금해서 그래. 다음 주에 동창들이랑 펜션에 놀러 가기로 했거든. 그러니까 잘 좀 설명해봐."
>
> 🧒 **아이**　"……."

엄마의 말을 들으면서 아이의 머릿속이 복잡해졌을 것 같네요. 용기를 내서 "인터체인지가 뭐야?" 하고 물을 수도 있지만, '병목현상' '정체' 등 모르는 낱말이 여러 개이다 보니 엄두가 나지 않을 겁니다. 게다가 인터체인지를 지나면 병목현상이 풀릴지 어떨지 아이는 알지 못하니 낱말의 뜻을 알더라도 대답을 하지 못합니다.

아이가 모르는 낱말들을 섞어가며 물어보는 엄마의 마음속에는 이런 생각이 있는지 모릅니다.

'거 봐. 잘 모르겠지? 그러니까 함부로 말하지 마.'

어른이 아이를 동등한 대화 상대로 대하는 것과 아이를 어른과 똑같은 신체적·인지적 능력을 가진 사람으로 대하는 것은 다릅니다. 앞엣것이 존중이라면 뒤엣것은 착각입니다.

아이는 어른과 다릅니다. 아이가 어른이 되려면 필요한 발달 과정을 겪어야 해요. 그럼에도 어른들은 자주 아이를 어른으로 착각합니다. 대화를 할 때도 이런 일이 생깁니다. 아이가 아직 배우지 못한 어려운 낱말로 말하거나 인과관계에 대한 분석이 필요한 질문을 해서 아이를 당황하게 만들지요. 그러면 아이는 말문을 닫습니다. 아이와 대화를 이어가려면 아이가 감당할 수 있는 요구를 해야 합니다.

◆ 알아서 다 해주기: "이거 하자고? 알았어."

아이가 말을 했을 때는 그에 상응하는 결과가 있어야 합니다. 원하는 물건을 갖거나, 가고 싶은 곳에 가거나, 하고 싶은 것을 하는 것이 그렇습니다. 어른이 이렇게 반응을 해줘야 아이가 말을 자꾸 하게 돼요. 그런데 아이가 말도 안 했는데 어른이 알아서 해주면 아이는 말할 필요가 없어집니다.

아이　"아빠."

아빠　(장난감 블록을 건네며) "어, 그래 알았어. 이거 가져가."

아이　"아빠."

아빠　(다가가서) "아, 집짓기 하자고? 알았어."

아이　"아빠."

아빠　"아, 동물 농장 만들자고? 알았어." (아빠 혼자서 설명서를 보며 열심히 블록을 쌓습니다.)

아이　(침묵. 눈만 깜빡깜빡.)

아이는 분명히 "아빠" 말고도 할 수 있는 말이 많았을 거예요. 어른이 "그래, 우리 뭐 할까?"라고 물어봤다면 아이는 많은 말을 했을 거예요. 그러니 알아서 해주는 대신 "아빠, 나랑 놀자" "아빠, 우리 집짓기해" "아빠, 동물 농장 만들자. 사슴도 넣고 하마도 넣고" 이런 말을 할 기회를 주고 기다려주어야 합니다.

'좋은 부모라면 아이의 마음을 꿰뚫고 있어야 한다'는 생각은 버리세요. 대화는 관심법이 아닙니다. 자신의 생각을 말로 표현하지 않으면 상대가 알아채지 못한다는 점을 아이 스스로 깨닫게 이끌어주는 것이 낫습니다.

★ 아이의 마음을 열어요 ★

"그랬구나"로 아이의 말 수용하기

아이들은 어른에게 말을 걸면서 자신의 말이 받아들여질지 그렇지 않을지 분위기를 파악합니다. 아이의 말 표현을 늘리려면 일단 아이의 말에 호응해주세요.

아이의 행동과 환경을 통제하는 것은 어른입니다. 독립하기 전까지 아이는 어른에게 의존해요. 그렇기에 아이가 어른에게 하는 말의 내용은 대부분 '요구'입니다. 여기에는 '인정'도 포함돼요. 아주 어릴 적에는 필요한 물건이나 특정 행동을 요구하다가 더 커서는 자신을 인정해줄 것을 요구합니다. 자기 경험이나 상태를 이야기할 때도 그 이면에는 '인정 요구'가 숨어 있어요.

그래서 아이들은 어른에게 말을 거는 순간 자신의 말이 받아들여질지 그렇지 않을지 분위기를 파악합니다. 계속 말해도 되겠다 싶으면 준비해둔 말을 꺼낼 테고, 아니다 싶으면 받아들여질 때까지 부딪혀보거나 더 이상 말하기를 포기합니다.

아이의 말 표현을 늘리려면 일단 아이의 이야기에 호응해야 합니다. 이때 "그렇구나" 또는 "그랬구나"를 쓰면 좋습니다.

아이 "아빠, 나 이거 했어."

아빠 "그랬구나."

아이 "이거 봐봐. 엄청 높이 쌓았어."

아빠 "와, 진짜 그러네. 만져도 돼?"

아이 "아니야, 쓰러져."

아빠 "그래, 안 만질게. 그런데 뭘 만든 거야?"

아이 "해적 왕국 만들었어."

아빠 "그랬구나. 우리 나은이, 해적 왕국 만들었구나."

🧒 아이 "응. 레고로 만들었어."

🧑 아빠 <u>그랬구나.</u> 정말 멋지다."

"그랬구나"만 했을 뿐인데 아이가 신나서 이런저런 이야기를 하는군요. 아이는 장난감 블록으로 성을 만든 후 자랑을 하고 싶었습니다. 어른의 "그랬구나"는 아이의 그런 마음을 말로 표현할 수 있게 이끌어주었고요.

🧒 아이 "엄마, 아빠가 안 놀아."

👩 엄마 <u>그랬구나,</u> 아빠가 안 놀아줬구나. 하준아, 그래서 슬펐어?"

🧒 아이 "응, 공 놀고 싶었어."

👩 엄마 "하준이, 공놀이 하고 싶었구나."

🧒 아이 (끄덕끄덕)

👩 엄마 "그럼 엄마랑 놀까? 공 가져올래?"

🧒 아이 "좋아!"

아빠가 놀아주지 않아 서운한 마음을 알아준 건 엄마의 "그랬구나"입니다. "그랬구나"를 들은 아이의 마음에는 자신의 기분을 말로 표현할 의욕이 생깁니다.

아이가 끝까지 아빠랑 놀겠다고 생떼를 쓸 수도 있습니다. 그러나 일단 자신의 마음(실망감)이 받아들여졌기 때문에 생떼의 강도는 훨씬 낮

아질 거예요. 여기에서 더 나아가 엄마가 거부할 수 없는 제안(예를 들어 "엄마랑 공놀이를 하고 나서 같이 〈뽀로로〉 볼까?")을 한다면 아이의 마음은 금세 풀리고 신나서 이런저런 말을 하게 될 것입니다.

★ 대화에도 윤활제가 필요해요 ★

"정말?" "어떡해!" "큰일 났네!"

아이와 대화를 할 땐 부드럽게 대화를 이어줄 윤활제가 필요합니다. 내용 없는 단어들이지만 '내가 듣고 있다' '네 이야기가 흥미롭다'는 신호가 되어 아이가 더 많이 말하게 될 거예요.

부모님들은 자라면서 '용건만 간단히'라는 말을 자주 들었을 거예요. '용건만 간단히'는 통신이 제한적이었던 시절, 여러 사람이 하나의 통신기를 이용하는 상황에서 필요했던 예절이었습니다. 요즘은 개인용 통신기가 있기 때문에 그럴 이유가 없어졌죠. 그럼에도 대화의 효율성을 중요하게 여기는 사람들은 여전히 '용건만 간단히'를 강조합니다.

그런데 필요한 말만 짧게 하는 게 정말 중요할까요? 짧은 대화로 우리의 감정과 생각을 오롯이 나눌 수 있을까요? 저는 적어도 아이와 대화할 때는 '쓸데없는 말'을 많이 하라고 말씀드리고 싶습니다. 특히 "정말?" "헐!" "어떡해" "우와, 진짜?" "대─박" "아하!" 같은 말들은 매우 유익합니다. 그 자체로는 아무런 내용이 없고 쓰임도 없어 보이지만, 부드럽게 대화가 이어지는 윤활제 역할을 하므로 자주 사용해야 합니다. '내가 듣고 있다' '네 이야기가 흥미롭다'는 신호가 되기 때문에 말하는 사람이 더 말하고 싶어지죠.

예시로, 같은 상황이지만 다르게 전개되는 두 경우를 볼까요?

아이   "아빠, 나 상 받았어!"

아빠   (상장을 받아들며) "그래, 잘했어."

아이   "……."

───────

아이   "아빠, 나 상 받았어!"

아빠   (상장을 받아들며) "<u>와, 진짜?</u>"

🧒 **아이** "응, 꽃밭 가꾸기 잘했다고 상 줬어."

👨 **아빠** "우리 나은이 최고! (손뼉을 치며) 박수, 짝짝짝!"

두 번째 경우가 아이의 말 표현을 더 많이 끌어냈습니다. "와, 진짜?"와 같은 감응 표현은 아이를 동등한 대화 상대로 여겼을 때, 아이의 기쁨이나 슬픔에 기꺼이 동참할 때 자연스럽게 나와요. 이런 대화는 감정적 상호작용을 돕습니다.

그러니 아이가 말을 걸어올 때 "와! 정말?" "이런!" "어떡해!" "헐!" 하면서 그다음 말이 이어지도록 유도해보세요. 아이가 그동안 보이지 않았던 적극적인 모습을 보이거나 새로운 표현을 써서 어른들을 놀래킬 수도 있습니다.

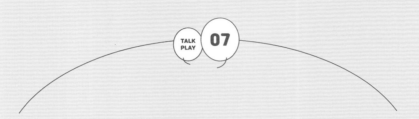

★ 아이에게 해야 할 말을 직접 요구해요 ★

"○○라고 말해봐~"

말 표현이 적고 소극적인 아이, 만 1~2세 아이들에게 새로운 낱말이나 짧은 문장 표현을 가르치고 싶다면 '지시법'을 활용해보세요.

말 표현이 별로 없는 아이에게 새로운 낱말이나 문장 표현을 유도하려면 어떻게 해야 할까요?

이때는 표현을 직접 지시하는 것이 좋습니다. 이런 대화법을 '지시법'이라고 합니다. 예를 볼까요?

20개월 된 용찬이가 아빠와 마트에 갔습니다. 용찬이가 앞서 걸어가더니 채소 코너를 두리번거리자 아빠가 다음과 같이 말합니다.

> 아빠 "여기 오이도 있고 당근도 있네. (아이를 보며) 용찬아, 이런 걸 채소라고 하는 거야. '채소'라고 해봐."
>
> 아이 "태소."
>
> 아빠 "아유, 잘하네. 옆에도 보자. 아, 여기는 과일이 있구나. '과일'."
>
> 아이 "가일."

나은이는 세 살입니다. 수줍음이 많아서 평소에는 말 표현이 별로 없어요. 엄마가 함께 소꿉놀이를 하면서 말을 시켜봅니다.

> 엄마 (곰돌이로 뽀로로를 감싸 안으며) "나은아, '사랑해'라고 말해봐."
>
> 아이 "사랑해."
>
> 엄마 "뽀로로도 곰돌이 사랑해~."
>
> ———
>
> 엄마 (음식 만들기를 하며) "햄버거 만들어요. 고기 넣고 상추도 넣자.

나은아, '고기 넣어요' 해."

🧒 **아이** "꼬기 너요."

👩 **엄마** "그렇지. (패티를 넣으며) 고기 넣어요. 그다음에는 '상추 넣어요'
하자."

🧒 **아이** "항추 너요."

👩 **엄마** (상추를 끼워 넣으며) "햄버거 완성! 우리 나은이가 햄버거를 만들
었네! 잘했어요. 짝짝짝."

이런 식으로 아이가 해야 할 말을 직접 지시해요.
다음과 같이 어른이 하는 행동을 말로 설명하게 할 수도 있습니다.

👨 **아빠** (책을 정리하며) "나은아, '꽂아요'라고 말해."

🧒 **아이** "꽂아요."

👨 **아빠** (책을 꽂고 나서) "아빠가 책을 꽂았어요."

따라 하라는 말을 먼저 하고 그 뒤에 따라 할 말을 붙일 수도 있어요.

👩 **엄마** (지나가는 배를 손으로 가리키며) "와, 용찬아, 저 배 정말 크다. (아
이를 보며) 따라 해봐. '커–요.'"

🧒 **아이** "커요."

😊 **엄마** (아이의 다친 무릎을 쓰다듬으며) "우리 나은이 넘어졌구나. 이렇게 말해요, '아파요'."

😊 **아이** "아파요."

😊 **엄마** "그래, 아프니까 밴드 붙이자."

😊 **아빠** (자전거를 밀며) "나은아, 천천히 가자. (천천히 속도를 줄이며) 따라 해요, '천-천-히'."

😊 **아이** "천천히."

지시법은 말 표현이 적고 소극적인 아이들에게 직접적으로 말 표현을 요구하는 대화 방식입니다. 만 1~2세 아이들에게 새로운 낱말이나 짧은 문장 표현을 가르칠 때 좋아요.

다만 지시법을 너무 자주 쓰면 아이에게 스트레스가 될 수 있으니 주의해야 합니다. 가급적 어른이 본을 보이고 모방을 유도하되, 그 방법이 잘 안 통할 때만 선별적으로 사용하세요.

★ 아이의 말을 고쳐줍니다 ★

올바른 표현으로 들려주기

아이가 틀리게 말할 때 바로 고쳐주고 싶겠지만, 잘못하면 아이가 위축되거나 대화의 흐름이 깨질 수 있어요. 그럴 때는 올바른 표현을 들려주세요.

어른이 아이와 대화할 때 빼놓지 않고 하는 일이자 아이가 어른으로부터 모국어를 배울 때 반드시 필요한 일이 있습니다. 아이의 틀린 표현을 어른이 올바르게 고쳐주는 일입니다(수정법). 다만 어떤 식으로 고쳐주느냐에 따라 어른의 의도와 달리 아이가 스트레스를 받을 수도 있고, 대화의 흐름이 깨지기도 합니다. 특히 어른이 못마땅한 표정을 지으면 아이는 '내가 뭔가 잘못했다'는 느낌을 받고 말하고자 하는 의욕이 위축될 수 있어요.

어떻게 해야 이런 일이 생기지 않으면서 올바른 표현을 가르칠 수 있을까요?

방법은 어렵지 않습니다. 다음의 세 가지를 기억하세요.

- 중간에 말을 끊지 않고 다 들은 다음에 바르게 고쳐서 들려줍니다.
- 다시 말해보라고 다그치지 않습니다.
- 실망스럽다는 표정이나 못마땅한 눈빛으로 바라보지 않습니다.

예를 들어보겠습니다.

{ 예시 1 }

아이 (길을 걷다가) "엄마, 바람이가 불어."

엄마 "그러네, 바람이 부는구나."

{ 예시 2 }

🧒 **아이** (과자 개수를 세며) "일, 이, 삼, 사."

👨 **아빠** (아이가 다 센 과자를 다시 세며) "여기 과자가 있네? 하나, 둘, 셋, 넷. 와! 과자가 네 개 있네!"

{ 예시 3 }

🧒 **아이** (인사를 하며) "아저씨, 안녕 가요."

👨 **아빠** (다시 인사를 하며) "삼촌, 벌써 가시게요? 용찬아, 삼촌께 인사드리자. 안녕히 가세요."

🧒 **아이** "삼촌, 안녕히 가세요."

예시 1에서 어른은 조사의 바른 쓰임을, 예시 2에서는 수사의 바른 사용을 아이에게 들려주었습니다. 예시 3은 아이가 헷갈려하는 가족 호칭과 존칭을 명확한 표현으로 아이에게 들려주었습니다. 이런 식으로 아이가 자신의 표현이 잘못됐음을 스스로 느끼고 고칠 수 있게 유도하는 것이 수정법입니다.

만 3세 전후로 아이는 어휘도 늘고 문장도 구체화됩니다. 표현이 다양해지면서 오류도 많이 생겨요. 일종의 시행착오 기간이지요. 이 시기를 거치면서 아이의 말 표현은 정교해집니다. 이때 수정법을 사용하면 아이의 언어 발달에 도움이 됩니다.

이 시기의 아이들이 자주 보이는 표현의 오류는 다음과 같습니다.

- 조사와 종결형 어미의 오류
- 높임말의 미숙한 사용
- 서툰 발음
- 말더듬

하나씩 살펴볼까요?

◆ 조사와 종결형 어미의 오류

주격 조사 '이'와 '가'를 혼동하는 경우는 많지 않습니다. 다만 받침이 붙는 낱말 뒤에 '이'와 '가'를 모두 붙여 '이가'라고 쓰는 경우가 흔합니다. '사람이가' '선생님이가'처럼요. 보통 받침이 있는 이름을 부를 때 '이가'를 붙이는데, 아이들이 그 법칙을 다른 호칭에도 그대로 적용하기 때문입니다.

- 용찬+가=용찬이가
- 나은+가=나은이가

그래서 '선생님+가=선생님이가' '사람+가=사람이가'처럼 말합니다. 이런 오류는 시간이 지나면서 없어집니다. 받침이 있으면 '이', 없으면

'가'라는 주격 조사를 사용한다는 규칙을 이해하기 때문입니다.

종결형 어미에 '요'를 붙이는 경우도 흔합니다. "아빠, 축구하자요" "엄마, 나 유치원 간다요"처럼요. 이는 평서문과 청유문 등 문장의 형식에 따른 종결어미의 변화를 완전히 익히지 못했기 때문에 생기는 일입니다. 이런 표현 역시 아이가 자라면서 자연히 사라지지만, 오래 지속된다 싶으면 어른이 올바른 표현으로 바꾸어 다시 말해주세요.

◆ 높임말의 미숙한 사용

일상에서 아이가 말할 때 어른이 자주 고쳐주는 부분은 높임말을 써야 하는데 그렇지 못한 부분입니다.

👧 **아이** "할아버지, 잘 가."

👩 **엄마** "'안녕히 가세요' 해야지."

👦 **아이** "안녕이 가세요."

———

👧 **아이** "할머니 먹어."

👨 **아빠** "'드세요' 해야지. '할머니 진지 드세요' 해봐."

👧 **아이** "할머니, 진지 드세요."

아이들에게 존대 표현은 어렵습니다. '안녕히' '진지' '드세요' 등의 낱말은 '잘' '밥' '먹다'보다 익히기 어려워요. 게다가 '-시'나 '-세' 같은 어미는 마찰음 'ㅅ'을 포함하기 때문에 자주 오류가 납니다. 그러니 올바른 표현을 알려주시되 재촉하지 않는 것이 좋습니다. 때가 되면 아이들은 자연스럽게 존칭 표현을 쓰게 됩니다.

◆ 서툰 발음

'로봇'를 '노봇'으로, '자동차'를 '다동타'로, '아이스크림'을 '아흐크임'이라고 발음하는 아이들이 많습니다. 이는 조음 기능이 발달하는 과정에서 일어나는 자연스러운 현상입니다. 아직 어린아이들은 발음이 서툴 수밖에 없어요.

> 🧒 **아이**   "엄마, 저거 다동타 주데요."
> 👩 **엄마**   "따라 해봐. '자동차.'"

> 🧒 **아이**   "아빠, 저기 하자, 하자."
> 👨 **아빠**   "아, 저건 사자야. 따라 해봐. '사자.'"

우리말의 자음은 소리를 내는 방식에 따라 파열음, 파찰음, 마찰음, 비음, 유음으로 나뉩니다. 각각의 자음마다 소리를 내는 방식이 다르지요. 모든 음을 제대로 발음하려면 이 모든 기술을 익혀야 하는데, 아이

우리말의 자음 조음 방식

◆ 파열음 ㅂ, ㅍ, ㅃ, ㄷ, ㄸ, ㅌ, ㄱ, ㄲ, ㅋ

공기의 흐름을 막았다가 터뜨리며 소리가 납니다. ㅂ/ㅍ/ㅃ은 입술을 붙였다가 떼면서 소리가 나고, ㄷ/ㄸ/ㅌ은 혀끝을 윗니 쪽 잇몸에 붙였다 떼면서 소리가 납니다. ㄱ/ㄲ/ㅋ은 안쪽 입천장에 혀 뒷부분이 닿았다 떨어지면서 소리가 나요.

◆ 파찰음 ㅈ, ㅉ, ㅊ

공기의 흐름을 막았다가 서서히 마찰을 일으키면서 나는 소리입니다. 여기서 '마찰'이란 공기 통로가 좁아지면서 생기는 현상을 말합니다.

◆ 마찰음 ㅅ, ㅆ, ㅎ

잇몸과 혀가 닿을 듯 말 듯 거리를 유지하면서 나는 소리입니다.

◆ 비음 ㅁ, ㄴ, ㅇ(받침)

콧소리예요. 공기가 입이 아닌 코를 통해 나오면서 소리가 납니다.

◆ 유음 ㄹ

혀를 굴리듯 내는 소리입니다. ㄹ이 바로 그런 소리예요. ㄹ이 받침일 때는 혀가 입천장에 붙은 상태 그대로 있지만, ㄹ이 첫소리일 때는 혀가 입천장에 붙었다가 뒤로 빠지면서 떨어집니다.

입장에서 보면 소리 하나하나가 결코 쉽지 않아요. 하지만 성장하면서 턱, 입술, 혀 등 발음기관을 정교하게 제어할 수 있게 되면 소리가 명료해져요.

개인차가 있으나 일반적으로 우리말의 자음 조음은 다음의 순서로 발달합니다.

파열음, 비음 → 파찰음 → 마찰음, 유음

즉 조음상 '엄마'라는 말이 '자동차'보다 발음하기 쉽고, '자전거'가 '사자'나 '사슴' '로보트'보다 발음하기 쉽습니다. 그러니 두세 살 아이가 발음이 안 좋다고 걱정하지 마세요. 모든 자음을 오류 없이 조음하려면 적어도 만 5세는 되어야 하니까요.

◆ 말더듬

만 3세 전후로 아이들의 언어는 폭발적으로 성장합니다. 어휘도 늘고 문장도 문법적으로 정교해지지요. 그러면서 시행착오도 생깁니다. 말더듬도 그중 하나예요. 말더듬은 3~5세 사이에 빈번하게 발생하며, 70~80퍼센트는 시간이 지나면서 사라집니다.

아이 "엄마, 어…… 가, 가방, 가방 주세요."

엄마 "왜 이렇게 말을 더듬어. 똑바로 말해봐. 얼른, 다시!"

아이가 말을 더듬을 때는 그 자리에서 바로잡으려 하지 말고 말을 마칠 때까지 기다려주세요. 말을 더듬을 때 지적을 받으면 오히려 불안해지면서 말더듬이 고착될 수 있습니다.

다만 말더듬이 수개월 이상 지속되는 경우, 말을 더듬을 때 얼굴이 빨개지거나 손짓을 하는 등 부수 행동이 관찰될 경우, 학령기(학교에 다니는 시기)에 발생해서 증세가 갈수록 심해지는 경우라면 전문가를 찾아 도움을 받는 게 좋습니다.

★ 아이의 말 표현을 다듬어요 ★

완성하고 풍성하게 해주기

아이가 낱말을 나열하는 식으로 말한다면 지적하거나 가르치려 하기보다는 문장을 완성해서 들려주거나 아이의 말에 더 풍성한 표현을 더해서 들려주세요.

만 2세 전후는 낱말에서 문장으로 넘어가는 시기입니다. 그래서 낱말을 나열하는 식으로 말하는 경우가 많습니다. 그럴 땐 어른이 아이의 말에 살을 붙여서 문장을 완성해주거나(완성법) 의미를 풍성하게 해줌으로써 (확장법) 아이의 언어 발달을 도울 수 있어요.

◆ 완성법으로 언어 발달 돕기

우선, 사례를 볼까요?

유찬이가 엄마와 함께 그림책을 봅니다. 아이가 그림을 가리키며 이렇게 말하는군요.

🧒 **아이** "집에 왔어."

👩 **엄마** (뽀로로를 손으로 짚으며) "그래, 뽀로로가 집에 왔구나."

하은이는 놀이터에서 아빠와 공놀이를 하고 집에 돌아가는 길입니다. 엘리베이터 벽에 뭔가 붙어 있네요.

🧒 **아이** "피자."

👨 **아빠** (전단지의 피자 사진을 가리키며) "그래, 여기 피자가 있구나."

첫 번째 사례에서 어른은 아이의 말에서 빠진 주어인 '뽀로로'를 채워 문장을 완성해 들려주었습니다. 두 번째 사례에서는 아이가 한 낱말로 표현한 것에 서술어를 채워 문장으로 들려주었어요. 두 경우 모두 아이가 완성하지 못한 표현에 말을 덧붙였습니다.

문장을 이루려면 최소한 하나의 주어와 하나의 서술어가 있어야 합니다. 이 두 사례에서는 생략된 주어와 서술어를 어른이 보강함으로써 문장을 '완성'했어요. 의미를 분명히 하고 형식적으로 완결성을 갖도록 도운 것이지요.

이런 식으로 아이의 표현을 완성해서 들려주는 것을 '완성법'이라고 합니다. 이는 문장 표현이 서투르지만 낱말이나 구절 표현이 빈번한 만 2~3세 전후 아이들에게 적용하기 좋습니다.

완성법의 다른 예를 볼까요?

> 🧒 **아이** (신발을 벗으며) **"집에 왔어."**
> 👩 **엄마** (아이의 얼굴을 보며) **"유찬이가 어린이집 갔다가 집에 왔구나?"**
> 🧒 **아이** (끄덕끄덕)

> 🧒 **아이** (냉장고를 가리키며) **"우유."**
> 👨 **아빠** (아이의 얼굴을 보고 냉장고를 가리키며) **"그래, 아빠가 냉장고에서 우유를 꺼내줄까?"**
> 🧒 **아이** (끄덕끄덕)

두 사례 모두 아이가 하고 싶었을 말을 어른이 좀 더 분명하고 구체적인 문장으로 말해주었습니다. 이렇게 하려면 약간의 추리가 필요해요. 아이가 말한 의도를 파악하기 위해 대화에 집중해야 하고요. 바로 위의 사례처럼 문장을 질문형으로 끝맺어서 아이의 의도를 확인할 수도 있어요.

◆ 확장법으로 언어 발달 돕기

다음으로 말씀드릴 것은 '확장법'으로, 앞서 말씀드린 완성법과 비슷합니다. 차이가 있다면 아이가 표현하지 못한 말을 채우는 게 완성법이라면, 확장법은 어른이 아이의 표현에 말을 보태서 형식과 내용을 풍부하게 해주는 것입니다.

예를 들면 다음과 같아요.

아이 (그림책을 보며) **"뽀로로 집에 왔어."**

엄마 (뽀로로를 손으로 짚으며) **"뽀로로가 친구들과 함께 집에 왔구나."**

아이 (전단지를 보며) "아이스크림 있어."

아빠 (전단지의 사진들을 가리키며) "그래, 여기 아이스크림이랑 과자랑 우유가 있구나."

아이 (신발을 벗으며) "집에 왔어."

엄마 (아이의 얼굴을 보며) "그래, 유찬이가 차 타고 집에 왔어."

아이 (끄덕끄덕)

아이 (냉장고를 가리키며) "아이스크림 먹을래."

아빠 (아이의 얼굴을 보고 냉장고를 가리키며) "그래, 우리 어제 사온 딸기 맛 아이스크림 먹을까?"

아이 (끄덕끄덕)

어른이 아이의 표현에 말을 더하면서 문장 표현이 구체화되고 좀 더 많은 정보가 한 문장에 담기게 되었습니다. 이처럼 아이의 말을 참고해서 문법적·의미적으로 표현을 다듬어주면 아이가 말 표현을 더 정확하고 풍성하게 할 수 있습니다.

아이의 말 표현을 다듬는 기법

◆ **완성법**

– 빠진 주어/목적어/서술어 붙이기

– 빠진 조사 채워 넣기

◆ **확장법**

– '–와/과' 사용하기

– 소유격 사용하기

– 꾸미는 말(관형사) 사용하기

★ 대화를 더 길게 이어가요 ★

접속사 활용하기

같은 대화 소재도 어떻게 이끄느냐에 따라 1분 만에 끝날 수도 있고 10분을 이어갈 수도 있습니다. 아이가 더 말하게 하려면 접속사를 활용해 대화를 이어가세요.

문장과 문장을 이을 때는 접속사가 역할을 합니다. 이때 뒤의 문장은 대등한 서술을 잇거나('그리고'), 앞 문장의 결과를 말해줍니다('그래서'). 새로운 사실을 서술할 수도 있어요('그런데'). 접속사의 기능을 활용하면 아이와의 대화를 좀 더 길게 이어갈 수 있습니다.

◆ '그리고'로 대화 이어가기

🙂 **엄마** "나은아, 어린이집에 친구 누가 있어?"

🙂 **아이** "창식이 있어."

🙂 **엄마** "<u>그리고?</u>"

🙂 **아이** "현준이도 있어."

🙂 **엄마** "<u>그리고?</u>"

🙂 **아이** "해빈이도 있어."

🙂 **엄마** "그렇구나. 어린이집에 창식이랑 현준이랑 해빈이가 있구나. (잠시 사이를 두고) 뭐라고?"

🙂 **아이** "어린이집에 창식이랑 현준이랑 해빈이가 있어."

"그리고?"로 아이의 말을 좀 더 길게 늘리고, 이를 모아서 복문으로 들려주었습니다. 그런 뒤에는 "뭐라고?"를 통해 앞서 어른이 들려준 문장을 아이가 모방하도록 유도했어요.

이렇듯 '그리고'를 활용하면 아이가 더 길고 구체적으로 말하게 할 수 있습니다.

◆ '그래서'로 대화 이어가기

아이 "창식이랑 싸웠어."

아빠 "창식이랑 싸웠구나. <u>그래서?</u>"

아이 "창식이 울었어."

아빠 "이런, 둘이 싸워서 창식이가 울었구나. <u>그래서?</u>"

아이 "선생님이 싸우지 말라고 했어."

아빠 "그랬구나. 창식이가 울어서 선생님이 싸우지 말라고 했구나."

아이 "응."

아빠 "뭐라고?"

아이 "창식이가 울어서 선생님이 싸우지 말라고 했어."

아빠 "그랬구나. 나은이가 설명을 잘했네.

"그래서?"로 사건의 결과를 설명하도록 유도하고, 이를 종합해 어른의 문장으로 정리했습니다. 그런 후 "뭐라고?"를 통해 아이가 어른의 문장을 모방하도록 유도했습니다.

이렇듯 '그래서'를 활용하면 원인−결과를 포함하는 문장 설명을 이끌어낼 수 있습니다.

◆ '그런데'로 대화 이어가기

🙂 **엄마** "옛날 옛날에 나무꾼이 살았대."

🙂 **아이** "나무꾼이?"

🙂 **엄마** "응, <u>그런데</u> (잠시 쉬었다가) 어느 날 숲에 불이 났대."

🙂 **아이** "불?"

🙂 **엄마** "응, <u>그런데</u> (잠시 쉬었다가) 마침 사슴이 그 숲속에 있었대."

🙂 **아이** "사슴?"

🙂 **엄마** "<u>그런데</u> (잠시 쉬었다가) 그 사슴이 사실은 산신령이었던 거야."

대화에서 보이듯 '그런데'는 주로 새로운 사실을 추가할 때 쓰입니다. 그래서 듣는 사람이 이야기에 좀 더 집중할 수 있어요. 뭔가 색다른 이야기가 나올 거라는 기대를 갖게 하니까요. 아이들에게 재미난 이야기를 들려줄 때 쓰기에 적합합니다.

주의할 것은 간혹 어른들이 '그런데'를 질문으로 사용한다는 점입니다. 질문으로 쓰일 때의 '그런데'는 말을 가로막습니다. 사례를 볼까요?

👧 아이 "엄마, 이리 와봐."

👩 엄마 "왜?"

👧 아이 "여기 벌레."

👩 엄마 "그런데?"

👧 아이 "……."

여기서 "그런데?"는 '그래서 뭐 어쩌라고?'의 의미로 쓰였어요. 어른이고 아이고 할 것 없이 말문이 턱 막히는 말입니다. 그러니 '그런데'는 질문 형태가 아닌, 이야기를 흥미롭게 이어가는 용도로 써주세요.

★ 아이의 말을 확인해요 ★

다시 말하게 하기

아이의 말을 제대로 못 들었거나 아이가 한 말의 뜻이 애매모호할 땐 "방금 뭐라고 했지?"와
같은 말로 다시 표현하게 해주세요.

대화를 하다 보면 상대가 한 말을 확인해야 할 때가 있습니다. 잘못 들었거나 말뜻이 모호할 때 그렇습니다. 그러면 우리는 "응?" "뭐라고?" "다시 말해줄래?" 하고 말합니다. 아이들과의 대화에서 이를 의도적으로 사용하면 언어 발달을 도울 수 있어요. 두 가지 방식이 있습니다.

◆ 아이가 한 말을 그대로 의문형으로 바꾸기

아이 "엄마 압."

엄마 "밥?"

아이 "밥."

───────

아이 "저기 멍멍 꼬이."

엄마 "멍멍이 꼬리?"

아이 "응. 멍멍이 꼬리."

여기서 어른은 아이가 한 말을 질문 형태로 바꿔서 들려주었습니다. 이를 통해 아이가 알고 있는 말을 한 번 더 확인시키고 발음을 바로잡아주었어요.

아이 "가."

아빠 "이것 좀 하고."

아이 "집."

아빠 "집에 가자고?"

아이 "빨리 집에 가자고."

어른이 아이의 말을 질문하는 문장으로 바꾸어 말의 의도를 확인합니다. 이 질문에 대해 아이는 뜻이 좀 더 분명한 문장으로 자신의 의도를 표현했어요.

◆ 예시 후 "뭐라고?"로 되묻기

어른이 아이가 따라 할 말을 먼저 말한 후에 "뭐라고?" 하고 묻는 방법입니다.

엄마 (상자를 가리키며) "여기 뭐가 있지?"

아이 "가위."

엄마 "또?"

아이 "풀이랑 색종이."

엄마 "색연필도 있어?"

아이 "아니, 없어."

🙂 **엄마** "그렇구나. 상자 안에 가위랑 풀, 색종이가 있네. (상자를 보여주
며) 뭐라고?"

🙂 **아이** "상자 안에 가위랑 풀, 색종이가 있어."

🙂 **엄마** "그렇구나. 용찬이가 설명을 잘했어요."

어른이 먼저 무엇이 어디에 있는지를 말하고 아이가 이를 따라 말했
습니다.

소꿉놀이를 할 때도 이런 방식으로 대화를 이끌어 갈 수 있습니다.

🙂 **아빠** "여기가 어디야?"

🙂 **아이** "응, 동물원이야."

🙂 **어른** "아, 뽀로로가 자동차를 타고 동물원(집)에 갔구나."

🙂 **아이** "응."

🙂 **아빠** "뭐라고?"

🙂 **아이** "뽀로로가 자동차 타고 동물원에 갔어."

🙂 **아빠** "그렇구나. 나은이가 설명을 잘했어요."

누가 어떻게 무엇을 했는지 어른이 말하고 아이가 이를 따라 말했습
니다.

그림책을 읽어줄 때도 이와 같은 방법을 사용할 수 있습니다.

104

😊 **엄마** "'옛날 숲속 마을에 달팽이와 늑대가 살았어요.' 나은아, 숲속에 달팽이랑 늑대가 살았대."

😊 **아이** "늑대?"

😊 **엄마** "응, 그런데 어느 날 늑대가 감기에 걸렸대. 나은아, 뭐라고?"

😊 **아이** "늑대, 감기 걸렸어."

😊 **엄마** "맞아, 맞아! 늑대가 감기에 걸렸어. '감기에 걸린 늑대는 달팽이네 집으로 갔어요…….'"

아이들이 낱말로 말하기 시작하면 이 방법을 통해 알고 있는 낱말의 뜻을 명확히 하고 명료하게 발음할 수 있게 도울 수 있습니다. 문장 표현을 유도할 수도 있어요. 아이가 문장 표현을 제법 할 줄 안다면 '무엇이 어디에 있다' '누가 어디에서 무엇을 한다' 식의 간단한 설명을 연습시킬 수 있습니다. "방금 뭐라고 했지?" "아빠(엄마)가 잘 모르겠어. 뭐였더라?"처럼 상황에 맞게 다양한 형식으로 되물을 수도 있습니다.

★ 질문으로 언어 발달을 도와요 ★

질문의 기능과 종류

질문은 모르는 것을 알게 하거나 이미 알고 있는 것을 말하게 합니다. 그러면서 대화를 이어주는 기능을 해요. 다양한 질문으로 아이와의 대화를 이어가세요.

아이들은 질문이 많습니다. 저게 뭔지, 저게 어떻게 되는 건지, 저게 왜 저렇게 된 건지 등을 묻는 일이 대부분입니다. 아이들이 질문이 많은 이유는 정말 궁금하기 때문입니다. 그리고 '절대자'인 어른이 질문에 대한 답을 알고 있다고 믿기 때문이에요. 아이들은 어른들이 모든 것을 알고 있으며, 늘 사실을 말한다고 생각합니다.

어른의 질문은 아이들의 질문과는 다릅니다. 대답을 통해 행동을 유도하는 게 목적이에요.

- (숟가락을 들고) "밥 먹을까?" → 속뜻: '밥 먹자.'
- (떨어진 밥풀을 가리키며) "이게 뭐야?" → 속뜻: '밥을 흘리지 마라.'
- (사진 속 아빠를 가리키며) "이게 누구야?" → 속뜻: '아빠라고 해봐.'
- (장난감을 가리키며) "아들 뭐 해?" → 속뜻: '장난감 정리하고 밥 먹자.'
- (마트에서) "그러면 어떡해?" → 속뜻: '손에 쥔 과자봉지 내려놔.'

언어 발달을 돕는 대화법에서 질문은 조금 다르게 쓰입니다. 사례를 보겠습니다.

아이가 어른과 함께 텔레비전을 봅니다. 만화 속에서 주인공이 사막을 건너고 있네요. 아이가 먼저 입을 엽니다.

👧 아이 (텔레비전을 보며) "뽀로로."

🙂 **아빠** "그래, 뽀로로구나. (낙타를 가리키며) 그런데 저게 뭘까?"

🙂 **아이** (어른을 돌아봅니다.)

🙂 **아빠** "저건 낙타야, 낙─타."

🙂 **아이** "낙타."

🙂 **아빠** "그래 맞아, 낙타야."

어른은 낙타를 알면서도 물어봤어요. 이때의 질문은 아이가 모르는 낱말인 '낙타'를 알려주는 계기가 됩니다.

또 다른 대화를 볼까요? 아이가 그림을 그리고 있네요.

🙂 **엄마** "뭐 그리니?"

🙂 **아이** "티라노."

🙂 **엄마** "그렇구나. 티라노 배 안 고파?"

🙂 **아이** "배고파."

🙂 **엄마** "티라노는 뭐 좋아해?"

🙂 **아이** "피자."

🙂 **엄마** "그렇구나. 티라노사우루스는 피자를 좋아하는구나."

이처럼 질문은 모르는 것을 알게 하거나 이미 알고 있는 것을 말하게 합니다. 그러면서 대화를 이어주는 기능을 해요.

그렇다면 대화에서 우리가 흔히 쓰는 질문에는 어떤 것들이 있을까요? 우리가 말로 사실을 전달할 때 갖춰야 할 요소인 육하원칙으로 살펴보겠습니다.

◆ 무엇과 누구(what&who)?: 이름 묻기 ────────

😊 **아빠**　(사진 속 할아버지를 가리키며) "용찬아, 누구야?"

😊 **아이**　"할아버지."

────────

😊 **아빠**　(꽃을 가리키며) "용찬아, 이게 뭐야?"

😊 **아이**　"꽃."

사람이나 사물의 이름을 묻는 질문입니다. 아이들이 볼 때 이 질문은 답이 비교적 쉽습니다. 대상이 명확하고 실체가 있으니 이름을 알고 있으면 바로 대답할 수 있어요.

◆ 어디(where)?: 장소 묻기 ────────

😊 **엄마**　"용찬아, 뽀로로 어디 살아?"

😊 **아이**　"집에."

'어디?'는 장소를 묻는 질문입니다. 장소는 '공간'이기 때문에 '누구'나 '무엇'보다 개념화가 좀 더 어려워요.

우선, 알아두어야 할 게 많습니다. 예를 들어 '동물원'은 동물을 볼 수 있는 곳이지만 동물이 있다고 해서 모두 동물원은 아니에요. 동물원은 울타리가 있고 매표소가 있으며 사람들이 동물을 구경하는 곳입니다. 따라서 동물병원은 동물원이 아니에요.

장소는 또한 세분화됩니다. 예를 들어 '집'은 사람이 사는 곳을 가리킵니다. 아파트, 빌딩, 한옥, 얼음집, 수상가옥, 황토집, 초가집 등 다양한 형태가 있어요. 아파트는 거실, 안방, 부엌 등으로 나뉘고요. 초가집이라면 방, 마루, 마당 등으로 나뉘지요. 산은 숲과 계곡을 포함하고, 학교는 교실, 화장실, 복도 및 운동장 등을 포함합니다.

이를 모두 알고 있어야 '어디야?'라는 질문에 대답할 수 있어요.

◆ 언제(when)?: 시간 묻기

🧑 아빠 "용찬아, 밥 언제 먹었어?"

🧒 아이 "오늘 먹었어."

시간은 흐릅니다. 또한 상대적이에요. 내일이 되면 오늘은 어제가 됩니다. '조금 전'과 '아까', '나중에'와 같은 말도 그렇습니다. 시간이라는 개념을 이해하고 이와 관련된 어휘를 배워야 '언제?'라는 질문에 올바로 대답할 수 있습니다. 머지않아 용찬이는 '오늘'보다는 '아까' 혹은 '점심 때'가 더 적절한 대답이라는 것을 알게 될 거예요.

◆ 왜(why)?: 이유 묻기

아이 "티라노가 다쳤어."

엄마 "그랬구나. 왜 다쳤어?"

아이 (인형을 쓰러트리며) "이렇게 해서 다쳤어."

이유를 묻는 질문에 답하려면 원인을 알아야 합니다. 과거의 사건이라면 이를 기억하고 그 의미를 이해하고 있어야 합니다. 사람과 관련됐다면 그 사람이 그렇게 행동한 의도를 추정해야 해요("용찬이가 왜 때렸어?").

'왜?'라는 질문은 아이들에게 논리적 사고를 요구합니다. 구문적으로도 상당한 지식을 갖고 있어야 해요. 낱말로 대답하기는 어렵고, 기본적으로 복문을 구성해야 합니다. 그래도 아이는 곧 '이렇게' 대신 '뛰어가다가 넘어져서'라는 표현을 쓰게 될 거예요.

◆ 어떻게(how)?: 방법이나 형태 묻기

'어떻게?'는 방법이나 형태를 묻는 질문입니다. 이 질문을 받으면 상대에게 '설명'을 해야 합니다.

> 👩 엄마 "나은아, 용찬이는 어떻게 생겼어?"
> 🧒 아이 "동그랗게 생겼어."

모양을 설명하려면 다양한 형용사를 알고 있어야 합니다. 모양, 색깔, 촉감, 맛, 온도 등을 표현하는 다양한 낱말들도 알고 있어야 해요. 이런 낱말들을 이해하고 쓰려면 만 3~4세는 되어야 합니다.

> 👩 엄마 "나은아, 이거 어떻게 해?"
> 🧒 아이 (동작을 취하며) "이렇게 해."

만 3세인 나은이는 '이렇게'라는 말로 뭉뚱그려 설명했어요. 구체적으로 대답하려면 좀 더 많은 언어적 자원이 필요합니다. 우선 주어와 서술어로 구성된 문장이 필요해요. 수식하는 말도 붙여야 합니다. 이런 문장을 여러 개 구성해서 시간적 순서에 따라 말해야 해요.

방법을 묻는 '어떻게?'는 '왜?'와 더불어 아이들이 가장 대답하기 어려워하는 질문입니다. 하지만 언제나 그렇듯 아이들은 때가 되면 이 어

112

려운 작업을 훌륭히 해냅니다.

내년에 학교에 들어가는 용찬이의 형 근찬이(만 6세)의 설명을 들어볼까요?

🙂 **아빠** "근찬아, 이거 어떻게 해."

🙂 **아이** "뚜껑 두 개를 테이프로 붙여."

🙂 **아빠** (그대로 따라 하며) "이렇게?"

🙂 **아이** "응, 그런 다음에 구멍을 뚫어서 끼워."

🙂 **아빠** (만지작만지작)

🙂 **아이** "다 했으면 색종이를 오려서 풀로 붙여. 색연필로 눈 그리면 끝!"

★ 어떻게 묻느냐에 따라 대화가 달라져요 ★

대화의 흐름을 바꾸는
질문의 형식

질문은 아이들의 말 표현을 촉진하는 도구로 쓰여야 합니다. 그런데 테스트, 명령, 비난의 의미로 쓰일 때가 있습니다. 그러면 대화가 즐겁지 않습니다. 자신의 질문이 아이에게 어떻게 이해될지 되돌아보세요.

질문하는 형식은 다양합니다. 장난감 블록으로 멋진 성을 쌓은 사람이 누군지 궁금할 때 "누가 했어?"라고 물을 수도 있고 "저걸 한 사람이 누구야?"라고 물을 수도 있어요. 엄마와 아빠 중에 누가 더 좋은지를 물을 때 "누가 좋아?"라고 할 수도 있고 "엄마가 좋아, 아빠가 좋아?"라고 할 수도 있습니다. 아이들과 대화할 때 어떤 형식으로 질문하는 것이 더 좋을까요?

◆ 쉬운 질문

쉬운 질문의 형식은 두 가지입니다. 단순한 문장 형식의 질문과 아이들이 선택할 수 있게 하는 질문입니다.

단순한 문장 형식의 질문
아이들과 대화할 때는 가급적 단순한 문장 형식의 의문문을 사용하는 것이 좋습니다. 예를 들어보겠습니다.

- "누구야?" vs "신호등 앞에 서 있는 저 사람은 누굴까?"
- "너는 우리 중에서 누가 가장 키가 크다고 생각해?" vs "누가 가장 키가 커?"

둘 다 같은 대답을 기대하는 질문이지만 하나는 문장이 길고 복잡한 반면 다른 하나는 단순합니다. 길고 복잡한 복문은 단문으로 끊어서 이어주고, 관형구나 절은 풀어서 단순한 형태로 만들어보세요.

- "꽃밭 위를 날아가는 노란색 곤충의 이름이 뭐야?" → "꽃밭에 곤충이 있네. 노란색이야. 저게 뭐야?"
- "오늘 어린이집에서 친구랑 싸운 아이가 누구야?" → "오늘 누가 어린이집에서 친구랑 싸웠어?"

선택형 질문

선택형 질문은 질문자가 선택지를 주는 형식의 질문을 말합니다. "네/아니오" 또는 "이거/저거" 식으로 답할 수 있는 질문이 여기에 해당합니다.

아빠   "나은이 과자 먹을래?"
아이   "응."

아이 입장에서는 '네'나 '아니요' 둘 중 하나를 선택하면 됩니다. 참 쉽죠!

아이   (소꿉놀이를 하며) "멍멍, 강아지예요."

116

👩 **엄마** (과일 모형을 들고) "안녕, 강아지야. 사과 줄까, 수박 줄까, 아니면 바나나 줄까?"

🧒 **아이** "사과 먹어요."

👩 **엄마** "그래 강아지야, 우리 사과 먹자."

이번에도 아이는 어른이 제시한 선택지 중 하나만 고르면 됩니다. 물론 사과나 수박, 바나나가 마음에 안 들 수도 있어요. 그럴 땐 아니라고 대답하거나 다른 과일의 이름을 대겠지요. 그래도 아이 입장에서는 "뭐 줄까?"보다 대답하기가 쉬워요.

네/아니오, 이거/저거 등의 대답을 전제로 하는 선택형 질문은 아이가 소극적이거나 쓸 수 있는 어휘가 그리 많지 않을 때 사용하면 좋습니다.

◆ 생각을 묻는 질문

생각을 묻는 질문은 선택지가 없기에 아이 스스로 답을 찾아서 대답해야 합니다. 그래서 말 표현이 활발한 아이들에게 쓰면 좋습니다.

- "뭐 먹고 싶어?"
- "우리 뭐 할까?"

- "오늘 누구랑 놀 거야?"
- "누가 제일 좋아?"

이런 질문들은 대화를 길게 할 수 있다는 장점이 있어요. 아이는 대답하기 위해 이미 누가 제일 좋은지, 무엇을 하고 싶은지, 누구랑 놀 건지에 대해 생각했을 테니까요. 어른은 질문을 통해 대화를 시작하고 이어가며, 중간에 새로운 화제를 만들 수 있습니다. 그리고 아이의 수준에 따라 질문의 종류와 형식을 달리하면서 다양한 표현을 유도할 수 있어요.

◆ 질문이 아닌 질문

어른들은 가끔 질문이 아닌 질문을 할 때가 있습니다. 답이 이미 정해져 있을 때가 그래요.

- "너, 이거 하라고 그랬어, 안 그랬어?"
- "도대체 이게 뭐야?"
- "왜 그랬어?"

일상에서 쓰이는 이러한 질문들은 대답할 수 없거나 딱 하나의 대답을 가정하고 있으므로 사실상 질문이 아닙니다.

118

이런 질문도 있습니다.

- "너, 이거 지난번에 가르쳐줬지. 그런데 이게 뭐야?"
- "'할아버지'가 영어로 뭐야?"

이런 질문들 역시 대답을 가정하고 있다는 점에서 테스트에 가깝습니다. 게다가 명령이거나 비난이거나 똑바로 대답하지 못하면 혼나는 테스트이기 때문에 어른이 이런 질문을 남발하면 아이가 질문을 회피할 수 있어요. 그리고 대화가 즐겁지 않습니다.

혹 아이와 대화할 때 습관적으로 이런 질문들을 하고 있지는 않은지 돌아보세요. 언어 발달을 돕는 대화법에서 질문은 아이의 말 표현을 촉진하는 도구로 쓰여야 합니다.

3장

(실전대화편)
다양한 활동으로
어휘를 늘려요

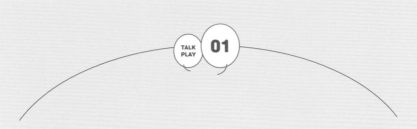

★ 쉬운 말부터 알려주세요 ★

낱말을 알려주는 순서

아이에게 낱말을 가르쳐줄 때는 쉽고 자주 쓰는 것부터 알려주세요. 그래야 아이가 배운 말을 자주 표현할 수 있습니다.

18개월 된 나은이가 아빠와 산책을 합니다. 몇 걸음 걷다가 나은이가 아빠에게 안기려고 손을 내미네요.

아빠 "나은아, 왜?"

아이 (얼굴을 찡그리며 손을 내밉니다.)

아빠 "뭐야, 말로 해야지. 자, 따라 해봐. '피곤해요.'"

아이 (계속 안아달라는 행동을 합니다.)

아빠 "거참, 이러면 안 되지. 말을 하라니까. '피곤하니까 안아주세요'라고 하는 거야."

'피곤하다'는 상태를 알리는 형용사입니다. 18개월 된 아이는 이해하기 어려운 낱말이에요. 그보다는 행동을 요구하는 동사인 "안아"가 아이들이 표현하기에 적합합니다.

그러니 "따라 해봐, '안아'" 하고 모방을 유도해보세요. 아이에게 낱말을 가르쳐줄 때는 쉽고 자주 쓰는 것부터 알려주세요. 그래야 아이가 배운 말을 자주 표현할 수 있습니다.

아이들은 우리말을 습득하기까지 여러 단계를 거칩니다. 그 단계를 알아두면 어떤 낱말부터 알려줘야 좋은지 판단하는 데 도움이 됩니다.

◆ 감각적·경험적 낱말 먼저, 추상적·개념적 낱말은 나중에

아이들은 눈에 보이고 소리로 파악할 수 있는 사물, 손으로 만져서 촉감을 느낄 수 있는 사물의 이름을 먼저 배웁니다. 자기 몸과 관련한 낱말(얼굴, 눈, 코, 입, 귀, 배, 손, 발, 다리 등)이 그렇고, 동물이나 탈것과 관련한 낱말(개 멍멍, 고양이 야옹, 돼지 꿀꿀, 자동차 빵빵 등)이 그렇습니다. 그러다가 장소와 관련한 낱말(집, 놀이터, 어린이집, 동물원, 마트, 공원 등)을 알게 되고, 시간과 관련한 낱말(아침, 점심, 저녁, 밤, 지금, 아까, 나중에 등)을 나중에 익혀요.

◆ 동사 먼저, 형용사는 나중에

아이들은 움직임과 관련된 동사(가다, 오다, 앉다, 일어나다, 주다, 받다 등)를 먼저 배웁니다. 상태를 알리는 형용사(가볍다, 무겁다, 좋다, 나쁘다, 조용하다, 시끄럽다, 맛있다, 맛없다 등)는 그다음이에요.

◆ 발음하기 쉬운 말 먼저

아이들의 말 표현은 모음, 입술소리(ㅁ, ㅍ, ㅃ, ㅍ), 치조음(ㄴ, ㄷ, ㄸ, ㅌ), 연구개음(ㄱ, ㄲ, ㅋ, 받침 ㅇ) 순으로 발달합니다. 그래서 '오이' '우유' '엄마'

'아빠'라는 말이 '고릴라' '고슴도치' 같은 말보다 발음하기가 쉬워요. 아이들은 표현하기 쉬운 말부터 쓰려고 하니 따라 말하기 쉬운 말부터 알려주세요.

◆ 긍정적 개념 먼저, 부정적 개념은 나중에

아이들은 '크다' '많다' '좋다' '예쁘다' 등 긍정적인 말부터 배웁니다. 이와 짝을 이루는 '작다' '적다' '나쁘다' '밉다' 등의 부정적인 말은 그 후에 배워요. 그러니 예쁘고 좋은 것, 기쁘고 아름다운 것에 대한 말들을 먼저 알려주세요.

◆ 개인차가 큰 어휘 습득 과정

어휘 습득 과정은 아이마다 차이가 있어요. '개나리' 같은 말보다 '푸르스름하다' '평화'와 같은 말을 먼저 배울 수도 있지요. 또한 낱말 습득은 환경의 영향을 받아서 아이들은 자주 보고 듣는 낱말을 먼저 익힙니다. 집 안에 있는 물건의 이름을 먼저 배우고 나서 집 밖에서 만나는 사물의 이름을 익히지요. 또한 부모는 물론 자주 만나는 어른들이 많이 쓰는 말을 먼저 배웁니다.

어른들이 쓸 법한 낱말은 아무렇지 않게 표현하지만 또래들이 자주 쓰는 말을 어려워하는 아이도 있어요. 이런 경우는 어른의 말을 먼저 배웠기 때문이에요. 그러니 내 아이가 다른 아이들이 알고 있는 낱말을 모른다고 해서 실망할 필요는 없습니다. 앞서 소개한 내용은 어디까지나 평균적 사례일 뿐입니다.

★ 자연에서 형용사를 배워요 ★

공원에서 배울 수 있는 말들

집 밖에는 형용사로 표현할 수 있는 사물들이 가득합니다. 특히 공원에는 흙, 풀, 돌, 쇠, 물, 나무처럼 질감을 가진 사물들이 풍부해요. 이 사물들에 대해 이야기하면서 다양한 형용사를 사용해보세요.

용찬이가 엄마 손을 잡고 공원에 갑니다. 엄마가 벤치에 앉자 그 앞에서 풀을 헤치며 돌멩이를 찾아내 만지작거립니다.

> 👩 **엄마** "우와, 그게 뭐야? 돌이네, 돌."
>
> 🧒 **아이** (엄마의 눈을 보면서) "돌."
>
> 👩 **엄마** "그래, 돌이야. 엄마가 한번 만져볼까? 와, <u>딱딱하다.</u>"
>
> 🧒 **아이** "딱딱해."
>
> 👩 **엄마** "그래, 정말 딱딱해. 와! 이 돌은 더 크네. 한번 만져볼까?"

공원에는 이 밖에도 아이의 감각을 자극하는 사물들이 많습니다. 돌을 만지작거리던 용찬이는 그 위를 기어가는 개미를 발견합니다.

> 👩 **엄마** "개미다."
>
> 🧒 **아이** (손을 가져가며) "개미."
>
> 👩 **엄마** "조심해. 개미가 물면 <u>따가워.</u>"
>
> 🧒 **아이** "따가워?"
>
> 👩 **엄마** (개미가 손을 깨무는 동작을 하며) "아야, 따가워."

엄마가 용찬이가 지금 보고 있는 것, 만지고 있는 것을 소재로 대화하면서 다양한 표현을 들려주었습니다. 덕분에 용찬이는 '딱딱하다' '따갑다' 같은 말을 배웠어요.

공원에는 형용사로 표현할 수 있는 사물들이 가득합니다. 흙, 풀, 돌, 쇠, 물, 나무처럼 질감을 가진 사물들에 대해 이야기하면서 다양한 형용사를 사용해보세요.

공원의 한편에서는 나은이가 아빠와 공놀이를 하고 있어요. 아이가 공을 가져오자 아빠가 말합니다.

🙂 아빠　"이제 그만할까?"
🙂 아이　"더 해."
🙂 아빠　"비가 올 것 같아. 저기 하늘 봐. <u>흐려</u>."
🙂 아이　"흐려?"
🙂 아빠　"응, 해님이 없어. 날이 흐려."

집에 돌아와서 창밖으로 떨어지는 빗방울을 봅니다. 차가운 빗방울이 발코니 화분 위로 떨어지네요. 아빠가 나은이에게 말합니다.

🙂 아빠　"나은아, 이거 봐. 잎이 <u>젖었어</u>. 만져봐."
🙂 아이　"젖었어."
🙂 아빠　"그래, 잎이 젖어서 <u>축축해</u>."
🙂 아이　"축축해?"
🙂 아빠　"응, 잎사귀가 축축해."

아이가 걷기 시작하면 집 밖으로 나갈 일이 많아집니다. 놀이터에도 가고 공원에도 갑니다. 야외 활동은 감각을 자극하는 것들에 대해 말하고 그 느낌을 표현할 수 있는 좋은 기회가 됩니다. 비나 눈이 올 때, 해가 쨍쨍하거나 구름이 끼었을 때 자연의 상태에 대해 말하고 느낌을 표현해보세요.

또한 형용사는 우리 몸의 감각과 관련이 깊습니다. 보이는 것, 들리는 것, 냄새, 촉감, 맛에 관한 표현을 아이에게 들려주세요.

* 놀면서 동사를 배워요 *

몸으로 놀며
배울 수 있는 말들

동사는 움직임을 표현하는 말입니다. 수영과 같은 운동을 배울 때, 몸놀이나 공놀이를 할 때, 놀이터에서 놀이기구를 탈 때 이런 말들을 배울 수 있어요. 동사에 수식하는 말을 붙이면 움직임은 구체화됩니다.

시은이가 아빠와 놀이터에 있습니다. 다양한 놀이기구들이 있지만 그중에서도 특히 그네를 좋아합니다.

> 🧒 **아이** "아빠, 저거 타."
>
> 👨 **아빠** "그래, 그네 타자. <u>앉아.</u> 그리고 줄을 꼭 <u>잡아.</u>"
>
> 🧒 **아이** "응, 줄 잡아."
>
> 👨 **아빠** (그네를 밀며) "아빠가 <u>민다.</u> 올라간다. 휭─ 내려간다. 휭─."

놀이터에는 미끄럼틀도 있습니다. 이때 아이에게 '올라가다/내려오다' '미끄러지다/멈추다' '넘어지다/일어서다' 등의 말을 들려줄 수 있어요. 몸 놀이는 움직임과 관련한 동사를 배울 수 있는 좋은 기회입니다.

40개월 된 예찬이는 엄마와 함께 수영장에서 물놀이를 하네요. 이때의 대화를 살펴보겠습니다.

> 👩 **엄마** "팔을 <u>뻗어.</u>"
>
> 🧒 **아이** (팔을 앞으로 내밀며 첨벙 합니다.)
>
> 👩 **엄마** "발로 물을 <u>차.</u> 그렇지!"
>
> 🧒 **아이** (발로 물장구를 칩니다.)
>
> 👩 **엄마** "고개를 앞으로 <u>돌려.</u>"

이 밖에도 아이에게 움직임을 요구하면서 '구부리다/펴다' '올리다/내리다' '들다/숙이다/젖히다' '돌리다/멈추다' 등 다양한 말을 들려줄 수 있습니다.

운동장은 동사의 천국입니다. 탈것을 이용한 놀이도 마찬가지예요. 인라인스케이트를 배우는 아이를 볼까요?

아빠 "여길 꼭 잡아."

아이 "이렇게?"

아빠 "그렇지. 그런 다음 손을 놓고."

아이 (아빠를 붙잡았던 손을 놓습니다.)

아빠 "몸을 숙여. 팔을 앞뒤로 휘저으면서 앞으로 나가. 그렇지!"

동사는 움직임을 표현하는 말입니다. 몸놀이나 공놀이를 할 때, 놀이터에서 놀이기구를 이용할 때 이런 말들을 배울 수 있어요. 만들기를 하면서도 동사를 배울 수 있습니다. 수영이나 체조 동작처럼 몸을 다양한 형태로 움직이는 활동을 할 때도 응용할 수 있습니다.

동사에 수식하는 말(부사어)을 붙이면 움직임은 구체화됩니다. 그리고 시간의 흐름에 따라 동작을 알려주면 시제를 익힐 수 있어요. 주체인지 대상인지를 구분하면서 정확한 사동과 피동 표현을 들려줄 수도 있습니다.

- "더 빨리 밟아. 그렇지! 잘하네. 점점 더 앞으로 간다."

- "손을 펴. 이제 손목을 오른쪽으로 돌릴 거야."

- "아빠가 신발 신겨줄까? 혼자 신을 수 있어?"

동사를 들려줄 수 있는 활동들

- 씨름, 팔씨름
- 운동장이나 키즈 카페에서 놀이기구 이용하기
- 킥보드, 인라인스케이트, 자전거 타기
- 축구, 야구, 농구 등 공놀이하기
- 종이상자로 자동차, 로봇 등 만들기
- 춤 동작 따라 하기
- 철봉에 매달리기, 평균대에서 중심 잡고 걸어가기, 장애물 넘기

★ 감정과 입장을 이해하고 표현해요 ★

아이가 생떼를 부릴 때
하면 좋은 말들

아이들이 생떼를 쓰는 이유는 자기가 원하는 것을 얻는 가장 효과적인 방법이 생떼라고 생각하기 때문입니다. 그러나 마음을 말로 표현하는 경험을 하고 나면 그다음부터는 생떼의 강도나 횟수가 줄어들 거예요.

해가 질 무렵 나은이는 놀이터에서 열심히 모래 놀이를 하고 있습니다.
아빠가 통화를 마치더니 말합니다.

🧑 **아빠** "가자."

🧒 **아이** "이거 할 거야."

🧑 **아빠** "엄마가 밥 먹으러 오래."

🧒 **아이** "나 안 가."

🧑 **아빠** "그럼 아빠 먼저 간다."

🧒 **아이** (실망한 표정으로 아빠를 쳐다봅니다.)

아이는 더 놀고 싶습니다. 하지만 가족과 함께 저녁식사를 하는 것
도 중요해요. 이때 대화는 어떻게 이끄는 게 좋을까요? "나 먼저 간다"
대신 이렇게 해보세요.

🧑 **아빠** "가자."

🧒 **아이** "이거 할 거야."

🧑 **아빠** "저녁 먹을 시간이야. 다음에 또 하자."

🧒 **아이** "나, 안 가."

🧑 **아빠** "모래 놀이 더 하고 싶어?"

🧒 **아이** "응, 더 하고 싶어."

🧑 **아빠** "그럼 5분만 더 하고 갈까?"

👧 **아이** "5분만 더 해."

아빠는 더 놀고 싶은 아이의 마음을 말로 표현하게 하고 5분만 더 놀다가 집으로 가기로 결정했어요. 5분이 지난 뒤에 아이가 집에 안 간 다고 생떼를 쓸 수도 있습니다. 아이들은 보통 그래요. 그러면 1분만 더 하는 걸로 타협을 보세요. 1분 후에도 더 놀겠다고 버티면 한 번 더 양 보하세요. 이렇게 세 번쯤 양보를 받은 아이는 순순히 집으로 갈 확률 이 높습니다. 왜냐하면 자신의 욕구를 말로 표현했고, 이를 어른이 받 아주었기 때문이에요. 7분 늦게 저녁을 먹게 되겠지만 대화는 꽤 성공 적일 거예요.

수영이는 엄마와 마트에서 장난감을 고르고 있습니다.

👧 **아이** "이거."

👩 **엄마** "안 돼."

👧 **아이** "사야 돼."

👩 **엄마** "또 그런다." (무시하고 지나칩니다.)

👧 **아이** (바닥에 주저앉아 울기 시작합니다.)

흔히 생기는 상황인데요. 이때 "또 그런다" 대신 다음과 같이 말하 면 어떨까요?

🧒 아이   "이거."

👩 엄마   "기차 놀이 세트 말하는 거야?"

🧒 아이   "응."

👩 엄마   "안 돼."

🧒 아이   (바닥에 주저앉아 울기 시작합니다.)

👩 엄마   "기차 놀이 세트 갖고 싶어?"

🧒 아이   (울면서 끄덕끄덕합니다.)

👩 엄마   "내가 못 사게 해서 화났어?"

🧒 아이   "화났어."

👩 엄마   "우리 수영이가 화났구나. 내가 미안해."

🧒 아이   (엄마의 눈치를 보면서 계속 웁니다.)

👩 엄마   "그래도 오늘은 안 돼. 생일 때 사줄게."

🧒 아이   (계속 생떼를 씁니다. 엄마가 아이를 안고 자리를 뜹니다.)

결과는 같지만 대화의 깊이는 다릅니다. 아마 아이는 자신의 마음을 말로 표현했기 때문에 다음에는 생떼를 덜 쓸 거예요. 아이들이 생떼를 쓰는 이유는 그 방법이 가장 효과적이기 때문입니다. 아이들은 자기가 원하는 것(여기서는 기차 놀이 세트)을 얻을 수 있다면 그 정도 수고는 감내합니다.

이런 상황은 역설적으로 서로의 감정을 이해할 수 있는 좋은 기회가 됩니다. 아이가 화났다고 말하고 어른이 미안하다고 말할 수 있습니다.

반대의 경우도 가능해요. 집에 돌아온 엄마는 수영이에게 말합니다.

엄마 "아까 왜 그랬어?"

아이 "기차 놀이 세트 갖고 싶었어."

엄마 "생일 때 꼭 사줄게."

아이 "알았어."

엄마 "그 대신 다음에는 그러지 마. 네가 생떼를 부려서 <u>나 화났어.</u>"

아이 "미안해."

참고로, 아이가 아직 어리고 감정을 표현하는 데 미숙하다면 '엄마' '아빠' '아들' '딸'처럼 가족관계를 가리키는 말보다 '나' '너'와 같은 인칭대명사를 사용해서 직접적으로 표현하는 것이 좋습니다. "엄마 화났어"나 "아들 화났어?"보다는 "나 화났어" "너 화났니?"가, "아빠가 안 된다고 했지"보다는 "내가 안 된다고 했지"가 좋아요. '나'를 쓰면 아이가 또 다른 '나'의 존재를 이해하고 상대의 입장을 받아들이는 데 도움이 됩니다.

만 4~5세쯤 되면 아이들은 감정을 표현하는 말을 이해할 수 있어요. 대화를 통해 자신의 욕구와 감정을 표현할 수 있게 도와주세요. 내 욕구와 감정을 이해해야 상대를 배려할 수 있습니다.

★ 차이를 이해하고 비교를 배워요 ★

동물원에서
배울 수 있는 말들

동물원은 같은 것과 다른 것을 배우기에 적합한 장소입니다. 동물들의 생김새는 비슷하기도 하고 같기도 하고 다르기도 하거든요. 무엇이 같고 무엇이 다른지, 왜 그렇게 생각하는지에 대해 이야기를 해보세요.

민서는 아빠와 동물원에 왔습니다. 목말을 타고 울타리 너머 코끼리를
보다가 민서가 말합니다.

🧢 **아이**　"아빠, 코끼리야."

😊 **아빠**　"와, 코끼리가 있구나. 코가 참 길다."

🧢 **아이**　"코끼리는 코가 길어."

😊 **아빠**　"맞아. 코끼리 아저씨는 코가 손이래, 과자를 주며는~."

동물원에는 다양한 동물들이 있습니다. 생김새가 각양각색이지요.
이런 장소에서는 서로 다른 사물을 비교하고 유사점과 차이점을 말로
표현하는 연습을 하기 좋습니다.

같은 상황에서 다음과 같이 대화를 이끌면 도움이 됩니다.

🧢 **아이**　"아빠, 코끼리야."

😊 **아빠**　"와, 코끼리가 있구나. 코가 참 길다."

🧢 **아이**　"코끼리는 코가 길어."

😊 **아빠**　"맞아. 그런데 기린은 목이 길어."

🧢 **아이**　"기린은 목이 길어."

😊 **아빠**　"맞아. <u>코끼리는 코가 긴데, 기린은 목이 길어. 서로 달라.</u>"

🧢 **아이**　"달라?"

😊 **아빠**　"응, 달라."

141

아빠가 두 동물을 비교해서 말해주었습니다. 이번에는 얼룩말을 보고 있군요.

🧒 **아이** "아빠, 얼룩말."

👨 **아빠** "오, 얼룩말이다. 줄무늬가 있네?"

🧒 **아이** "얼룩말은 줄무늬가 있어."

👨 **아빠** <u>"기린도 얼룩무늬가 있어. 얼룩말이랑 비슷해."</u>

🧒 **아이** "비슷해?"

👨 **아빠** "응, 기린과 얼룩말이 비슷해."

동물들의 생김새는 같기도 하고 비슷하기도 하고 다르기도 합니다. 예를 들어 염소와 양은 목소리와 생김새(뿔이 있음)가 비슷하지만 색깔이 다를 수 있어요. 상어와 물개는 생김새가 다르지만 물속에서 산다는 공통점이 있습니다.

아이들이 만 3~4세쯤 되면 사물 간의 차이를 이해하고 같은 것과 다른 것을 말로 표현할 수 있게 됩니다. 이때 무엇이 같고 무엇이 다른지, 왜 그렇게 생각하는지에 대해 이야기를 해보세요. 아이들의 어휘력은 물론 사고력도 깊어질 거예요.

비교하는 말을 배울 수 있는 활동들

- 동물원에서 동물의 생김새, 울음소리, 서식처 비교하기: "물개도 고양이처럼 수염이 있어!"
- 마트의 시식 코너에서 맛 비교하기: "복숭아는 달콤한데, 이건 좀 쓴맛이 나네. 한번 먹어볼래?"
- 악기 소리 비교하기: "이건 땅땅 소리가 나는데, 이건 스르릉 소리가 나네."
- 공구들의 쓰임새 비교하기: "이건 못을 박을 때 쓰고, 이건 나사를 조이는 데 써."
- 옷차림 비교하기: "얘는 모자를 썼는데, 얘는 목도리를 했다. 따뜻하겠다."

★ 속성이 비슷한 사물에 비유해요 ★

비유하는 말을
배울 수 있는 활동들

비유적 표현은 대화를 흥미롭게 합니다. 아이가 어른이 하는 비유적 표현을 듣고 어른에게 왜 그렇게 생각하는지를 묻다 보면 대화는 길어지고 아이의 생각은 깊어집니다.

우재와 엄마가 그림 그리기를 합니다. 우재는 얼굴을 그리네요. 동그라미 안에 눈, 코, 입을 그리더니 동그라미 위쪽에 검은색으로 머리카락을 쓱쓱 칠합니다.

엄마 "누구 얼굴이야?"

아이 "태식이."

엄마 "태식이가 이렇게 생겼어?"

아이 "응, 태식이 얼굴이야."

그림 그리기는 비유하는 표현을 익히기에 좋은 활동입니다. 대화를 살짝 바꾸어보겠습니다.

엄마 "누구 얼굴이야?"

아이 "태식이."

엄마 "태식이가 이렇게 생겼어? 얼굴이 세모나잖아. 꼭 오징어 같아."

아이 "오징어 아니야, 태식이야."

이런 방법도 있습니다. 어른이 스케치북 위에 세모를 쓱쓱 그리고 아이에게 묻습니다.

엄마 "이거 뭐 같아?"

😊 **아이** "세모."

👩 **엄마** "세모 말고. 나무도 있고 계곡도 있는 곳. 우리가 올라가는 곳."

😊 **아이** "산!"

👩 **엄마** "맞아. 산이야." (세모 위에 나무, 계곡, 새를 그립니다.)

물결무늬를 그리고 무엇처럼 생겼는지, 왜 그렇게 생각하는지 물어볼 수도 있습니다.

👩 **엄마** "이게 뭐 <u>같아</u>?"

😊 **아이** (곰곰이 생각하더니) "주름."

👩 **엄마** "왜 주름 같아?"

😊 **아이** "쭈글쭈글하니까."

주름 대신 파도, 시냇물, 아지랑이, 연기라고 대답할 수도 있어요. 어떤 대답을 하든 그렇게 말한 이유를 물어보면서 자연스럽게 대화를 이어나갈 수 있습니다.

'~처럼' 혹은 '~ 같아'라는 표현은 유사성을 기반으로 합니다. '바다 같은 마음' '사과 같은 얼굴' '쟁반 같은 보름달'이 그 예이지요. 쓰임새, 성격도 비유의 대상이 됩니다. '늑대 같은 녀석' '천사 같은 마음'이 그래요. 은유적 표현은 여기에서 한 단계 더 나아갑니다. '내 마음은 호수' '당신은 저 하늘의 별' 같은 표현이 그렇지요.

대화 중에 다음과 같이 말해보세요.

🙂 엄마 "태식이 동생은 오리야."

😊 아이 "오리 아니야. 사람이야."

🙂 엄마 "오리라니까."

😊 아이 "왜?"

🙂 엄마 "뒤뚱뒤뚱 걸으니까."

😊 아이 (웃음)

──────────

🙂 엄마 "엄마 핸드폰은 딱풀이야."

😊 아이 "왜?"

🙂 엄마 "맨날 엄마 손에 딱 붙어 있으니까."

이런 비유적 표현들은 대화를 흥미롭게 합니다.

만 4~5세가 되면 비유적 표현을 이해할 수 있습니다. 아이가 어른의 비유적 표현을 듣고 어른에게 왜 그렇게 생각하는지를 물으면서 대화는 길어지고 때로 심오해집니다. 모두 아이의 언어와 사고력 발달에 큰 도움이 되는 경험이에요.

* 무엇이 달라졌는지를 말해요 *

시간의 흐름을 배울 수 있는 말들

시간이 지나면서 변하는 것들이 있습니다. 일상에서 이런 현상을 관찰하고 변하기 전과 후의 차이를 이야기해보세요. 당연하게 여겨졌던 것들이 새롭게 느껴질 거예요.

매미 소리가 들리는 여름날, 재민이는 엄마와 벤치에 앉아 아이스크림을 먹고 있어요. 그런데 그만 아이스크림을 땅에 떨어뜨리고 말았네요. 재민이가 떨어진 아이스크림을 물끄러미 바라봅니다.

엄마　"아이스크림을 떨어뜨렸네."

아이　"떨어뜨렸어."

엄마　"조심해야지. 옷에 묻을 뻔 했잖아. 다음부터 잘 잡고 먹어."

아이　(끄덕끄덕)

대화가 간단합니다. 이런 상황을 좀 더 깊이 있는 대화의 계기로 삼으면 어떨까요?

엄마　(아스팔트 위에서 녹고 있는 아이스크림을 가리키며) "재민아, 이거 봐."

아이　(쪼그리고 앉습니다.)

엄마　(손으로 가리키며) "아이스크림이 녹고 있어."

아이　"녹아."

엄마　"아까는 딱딱했는데 지금은 말랑말랑해."

아이　(계속 바라보며) "자꾸 녹아."

엄마　"그래, 조금 있으면 다 녹아서 없어질 거야."

아린이는 아빠와 집에서 간식을 먹으려고 합니다. 아빠가 냉동식품을 전자레인지 안에 넣네요. 이때 아이와 함께 변화를 관찰할 수 있습니다.

🧑 **아빠** "아린아, 이리 와봐."

👧 **아이** (다가옵니다.)

🧑 **아빠** (냉동식품을 내밀며) "만져봐, 어때?"

👧 **아이** "차가워."

🧑 **아빠** "차갑지? 그럼 이제 어떻게 되나 봐." (전자레인지에 넣고 타이머를 작동합니다.)

👧 **아이** (전자레인지가 작동하면서 타이머의 숫자가 바뀌는 것을 바라봅니다.)

🧑 **아빠** "저 숫자가 0으로 바뀌면 문을 연다."

👧 **아이** (끄덕끄덕)

🧑 **아빠** (전자레인지의 작동이 끝난 뒤 음식을 꺼내며) "어때? 김이 모락모락 나지?"

👧 **아이** "김이 나."

🧑 **아빠** "그래, <u>전자레인지에 넣었더니 뜨거워졌어.</u>"

👧 **아이** "뜨거워졌어."

요리를 할 때도 이런 대화가 가능합니다.

🧑 **아빠** (투명한 믹싱 볼에 달걀을 깨서 넣으며) "여기 노른자와 흰자가 있어."

150

아이 (믹싱 볼 안을 들여다보며) "흰자, 노른자."

아빠 "아빠가 이걸로 저을 테니까 어떻게 되는지 봐." (거품기로 휘휘 저어요.)

아이 "빙글빙글 돌아가."

아빠 "그래. 이제 어때? 흰자와 노른자가 섞였지? 색깔이 변했어. 그리고 거품도 나."

아이 "거품 나."

아빠 "이제 이걸 <u>프라이팬에 부을 거야. 그러면 노릇노릇하게 익는다.</u> 조금만 기다려. 아빠가 달걀말이 해줄게."

시간이 지나면서 변하는 것들이 있습니다. 일상에서 이런 현상을 관찰하고 변하기 전과 후의 차이를 이야기해보세요. 당연하게 여겨졌던 것들이 새롭게 느껴질 거예요.

변하기까지 시간이 걸리는 것들도 있습니다. 베란다에 심은 화초라든가, 해가 잘 드는 창틀에 올려놓은 수경 양파가 그래요. 이때는 며칠 간격으로 찍은 사진을 보면서 대화하는 것이 좋습니다. 일주일 전에는 어땠는지, 지금은 어떤지 함께 이야기해보세요.

시간의 흐름에 따른 사물의 변화를 표현하는 말들

- 팝콘 튀기기: "빵빵 터지는 소리가 나더니 옥수수 알갱이가 부풀어 올랐어!"
- 아이스바 만들기: "냉동실에 넣어두었더니 꽁꽁 얼었어."
- 빨래 말리기: "햇볕에 널었더니 옷이 마르고 있어."
- 핸드폰 충전하기: "선을 꽂으니까 배터리가 충전되고 있어."
- 점토 놀이: "찰흙이 점점 딱딱해져!"
- 병아리 키우기: "하얀 깃털이 났어!"
- 개미 관찰 키트: "새로운 굴이 생겼어!"
- 씨앗 관찰 키트: "싹이 나왔어."

★ 먼저 할 것과 나중에 할 것을 정해요 ★

시간적 전후 관계를
배울 수 있는 말들

어른과 함께 무언가를 할 때 순서를 정하면 대화가 길어지면서 시간적 전후 관계를 표현하는 말들을 배울 수 있어요. 협력하고 계획하는 경험도 함께 할 수 있습니다.

30개월 된 소민이가 아빠와 놀이터에 왔습니다. 놀이터에는 그네, 시소, 정글짐, 미끄럼틀, 뺑뺑이(carousel)가 있어요. 아빠 손을 잡고 그네 쪽으로 갑니다.

아빠 "소민아, 그네 탈래?"

아이 (고개를 끄덕입니다.)

아빠 "그래, 그네 타자."

아이 (그네에 올라탑니다.)

아빠 "아빠가 민다. 꼭 잡아."

보통의 대화입니다. 이때 다음과 같이 놀이 순서에 대해 이야기하면 어떨까요?

아빠 "소민아, 그네 탈래?"

아이 (고개를 끄덕입니다.)

아빠 "그다음엔 뭐 탈 거야?"

아이 (잠시 생각한 후) "시소."

아빠 "그네 먼저 타고, 그다음에 시소 탈 거야?"

아이 "응, 그네 먼저 탈 거야."

아빠 "그래, 그럼 시소는 이따가 타자."

아이 "좋아."

대화가 훨씬 길어졌습니다. 이번에는 거실에서 블록놀이를 하는 성재를 볼까요?

🙂 **엄마** "이거 줄까?"

😀 **아이** "응."

🙂 **엄마** "그런데 뭐 만들어?"

😀 **아이** "공룡."

🙂 **엄마** <u>"자동차 먼저 만드는 건 어때?"</u>

😀 **아이** "싫어. 공룡 만들 거야."

🙂 **엄마** "알았어. 그럼 <u>공룡 먼저 만들고, 그다음에 자동차 만들자.</u>"

😀 **아이** "싫어. 공룡 만든 다음에 비행기 만들 거야."

🙂 **엄마** "그래, 알았어. 공룡 먼저 만들고, 그다음에 비행기 만들자."

어른과 함께 무언가를 할 때 순서를 정하면 대화가 길어집니다. 그러면서 시간적 전후 관계를 표현하는 말들을 배울 수 있어요. 이것 다음에 무엇을 할지, 지금 하려는 것보다 먼저 해야 할 것이 있는지 등에 대해 말하면서 협력하고 계획하는 경험도 할 수 있습니다.

시간적 전후 관계를 배울 수 있는 활동들

- 만들기, 조립하기: "바퀴는 나중에 만들까?" "이걸 먼저 붙인 다음에 저걸 끼워야 해."
- 놀이터: "아빠는 시소 먼저 타고 싶은데, 너는?"
- 마트에서 물건 사기: "양파도 사고 우유도 사야 하는데 어디부터 가지?"
- 옷 입기: "양말 먼저 신을까?"
- 짐 싸기: "튜브는 나중에 넣자."

★ 어떻게 될지 결과를 예측해요 ★

인과관계를 배울 수 있는 말들

"어떻게 될까?"는 현재 시점에서 미래의 결과를 묻는 질문입니다. 언어화된 인과관계는 논리적 사고의 기초가 됩니다. 활동을 하면서, 동화책을 읽으면서 "어떻게 될까?" 하고 질문해주세요.

예나는 아빠와 탑 쌓기를 하고 있습니다. 너무 높이 쌓는 바람에 흔들거리네요. 그런데 아빠가 한 층을 더 올릴 모양입니다.

아빠 (블록을 가져가며) "예나야, 이거 봐."

아이 "하지 마."

아빠 "짜잔~." (블록을 올리자 탑이 무너집니다.)

아이 "아빠 미워."

장난으로 아이들을 골탕 먹이는 일은 언제나 재미있습니다. 그런데 이때 다음과 같이 대화를 하면 어떨까요?

아빠 (블록을 가져가며) "예나야, 이거 봐."

아이 "하지 마."

아빠 "왜? 아빠가 이걸 올리면 <u>어떻게 되는데?</u>"

아이 (고민하다가) "무너져."

아빠 "정말? 정말 그럴까?"

아이 (끄덕끄덕)

아빠 "짜잔~." (블록을 올리자 탑이 무너집니다.)

아이 "아빠 미워."

앞서의 사례와 다르게 대화가 좀 더 진지해졌습니다. 블록을 탑에 올리기 전에 그 결과에 대해 물어보는 식으로 아이에게 생각할 거리를 던져주었거든요.

예나 아빠는 미안한 마음에 고무줄 총을 만들어주기로 합니다.

아빠 "예나야, 아빠가 고무줄을 건다."

아이 (아빠의 손 움직임을 관찰합니다.)

아빠 (손잡이를 가리키며) "방아쇠를 잡아당기면 어떻게 될까?"

아이 (어떻게 되나 관찰합니다.)

아빠 "오! 고무줄이 앞으로 튀어나갔어!"

아이 "와! 고무줄이 나갔어!"

"어떻게 될까?"라는 질문을 통해 아이는 '블록 올림→무너짐' '방아쇠 당김→고무줄 튀어나감'이라는 인과관계를 언어적으로 이해할 수 있었습니다.

아이와 함께 화분에 씨앗을 심고 물을 주면서 "씨앗이 자라면 어떻게 될까?"라고 물을 수 있습니다. 씨앗을 심으면 싹이 나고, 줄기와 이파리가 나오고, 꽃이 피는 과정을 지켜본 경험이 있다면 쉽게 대답할 수 있습니다. 그렇지 않더라도 텔레비전이나 책에서 봤거나 어른들에게 들었다면 대답할 수 있어요.

"어떻게 될까?"는 현재 시점에서 미래의 결과를 묻는 질문입니다. "씨앗을 뿌렸더니 싹이 났다"는 말은 직간접적으로 경험한 인과관계를 언어적으로 정리한 것이에요. 언어화된 인과관계는 논리적 사고의 기초가 됩니다.

동화책을 읽으면서 결말을 예상해볼 수도 있습니다.

- "마법에 걸린 개구리는 어떻게 될까?"
- "마당을 나온 암탉은 어떻게 될까?"
- "똥을 싼 두더지는 어떻게 될까?"

질문에 답하려면 논리적 사고에 상상력을 더해야 해요. 답이 틀려도 괜찮습니다. 함께 생각하며 대화하는 것만으로도 큰 도움이 되니까요.

인과관계를 생각해볼 수 있는 질문들

- "스위치를 켜면 어떻게 될까?"
- "물이 넘치면 어떻게 될까?"
- "여기서 넘어지면 어떻게 될까?"
- "약을 안 먹으면 어떻게 될까?"
- "애벌레가 자라면 어떻게 될까?"
- "태풍이 불면 어떻게 될까?"
- "비가 오지 않으면 어떻게 될까?"

★ "왜 그럴까?" 원인을 생각해요 ★

논리적 사고력을 키워주는 말들

"왜 그럴까?"는 결과를 보고 그 원인을 찾는 질문입니다. 논리적 사고력은 학습지를 통해서만 기를 수 있는 것이 아닙니다. 대화를 통해서도 충분히 연습하고 기를 수 있어요.

다현이와 아빠가 공놀이를 하고 있어요.

　　🧑 **아빠** "자, 던진다. 받아~."

　　👦 **아이** (공을 받고 다시 던집니다.)

　　🧑 **아빠** (잠시 멈추더니) "다현아, 너 무릎 <u>왜 그래?</u>"

　　👦 **아이** (자기 무릎을 한참 보다가) "넘어졌어."

　　🧑 **아빠** "<u>왜 넘어졌어?</u>"

　　👦 **아이** (곰곰이 생각합니다.)

　　🧑 **아빠** "돌에 걸렸어?"

　　👦 **아이** "몰라."

　　🧑 **아빠** "그래, 알았어. 일단 집에 가서 약 바르자."

아이들은 자주 다칩니다. 다현이도 무릎에 상처가 있어서 아빠가 그 이유를 묻고 다현이는 어디서 다쳤는지 생각했어요.

옆집 사는 동현이는 집에 있습니다. 계속 기침을 하는군요.

　　👩 **엄마** "기침 나와?"

　　👦 **아이** "응, 기침해."

　　👩 **엄마** "아프겠다. 그런데 <u>기침이 왜 나와?</u>"

　　👦 **아이** (잠시 생각하다) "감기 걸렸어."

엄마   "그렇구나. 감기 걸려서 기침이 나는구나. 엄마가 약 줄게."

아이들은 자신과 관련한 일에 대해 원인을 찾아서 말할 수 있습니다. 잠시 과거로 되돌아갔다가 오면 돼요. 그러면 다음의 경우는 어떨까요? 동현이와 엄마는 함께 텔레비전으로 뉴스를 보고 있습니다.

엄마   "동현아, 저기 구급차가 있네. <u>왜 그럴까?</u>"

아이   "다쳤어."

엄마   "아, 사람들이 다쳤구나. 어떡해. 너무 아프겠다. 그런데 <u>왜 다쳤을까?</u>"

아이   "차가 부딪혀서 그래."

엄마   "아, 그렇구나. 교통사고가 났구나. 그래서 사람들이 다쳤구나."

아이는 텔레비전 화면을 참조해서 엄마의 질문에 적절하게 대답했습니다. 다음과 같은 질문은 어떨까요?

• "아이스크림이 다 녹았네. 왜 그럴까?"
• "경찰 아저씨가 막 뛰어가네. 왜 그럴까?"
• "바닥이 더럽네. 왜 그럴까?"

첫 번째 질문은 대답하기 쉽지만 두 번째와 세 번째 질문은 약간의 추리가 필요합니다. 정확한 답이 있을 수도 있고 없을 수도 있지요. 그래서 아이와 함께 이런저런 가능성에 대해 이야기해볼 수 있습니다.

"어떻게 될까?"가 결과를 묻는 질문이라면 "왜 그럴까?"는 결과를 보고 그 원인을 찾는 질문입니다. 앞엣것이 연역적 사고이고, 뒤엣것은 귀납적 사고예요. 이러한 논리적 사고력은 학습지를 통해서만 기를 수 있는 것이 아닙니다. 대화를 통해서도 충분히 연습하고 기를 수 있어요.

동화책을 읽으며 원인을 찾아볼 질문들

- "왕자는 왜 개구리가 됐을까?"
- "뽀로로는 왜 도망치지?"
- "로보카 폴리가 슬퍼하고 있어. 왜 그럴까?"

★ "만약에~" 하고 가정해보세요 ★

논리적 사고력과 상상력을
함께 길러주는 말들

'만약에~'가 들어간 질문에 대답하려면 현재나 과거의 일들을 재구성해야 하고, 그 결과가 어떻게 될지 추론도 해야 합니다. 아이에겐 복잡하고 어려운 일이지만, 대화가 뻔하게 흐르지 않아 즐겁게 대화할 수 있습니다.

재호는 아빠와 함께 책을 읽고 있습니다.

🧑 **아빠** "그래서 개구리 왕자는 사람이 되었습니다."

🧒 **아이** "사람이 됐어?"

🧑 **아빠** "응. 그런데 <u>만약에</u> 개구리 왕자가 두꺼비 공주를 만나지 못했다면 어떻게 됐을까?"

🧒 **아이** (잠시 생각하더니) "슬퍼서 울어."

🧑 **아빠** "그래. 못 만나면 슬퍼서 울 거야."

다은이는 엄마와 산책을 하고 있군요.

👧 **아이** "엄마, 멍멍이."

👩 **엄마** "와. 귀여운 강아지가 있네."

👧 **아이** "귀여워."

👩 **엄마** "털이 복슬복슬하네. 다은아, <u>만약에</u> 강아지한테 털이 없으면 어떨까?"

👧 **아이** (잠시 생각하더니) "추워."

👩 **엄마** "그래. 털이 없으면 추울 거야."

'만약에~'로 시작하는 질문은 현재나 과거의 일을 재구성할 것을 요구합니다. 책에는 분명히 두꺼비 공주를 만났다고 하는데 이를 머릿속에서 싹 지우고 못 만난 상황을 그려봐야 하거든요. 일종의 시뮬레이션 작업이 필요하죠. 게다가 그 결과가 어떻게 될지 추론도 해야 합니다. 두 가지 일을 한꺼번에 해야 하니 아이는 대답하기가 복잡하고 어려울 수 있습니다. 하지만 '만약에~'가 들어가는 질문은 일단 재미가 있습니다. 대화가 뻔하게 흐르지 않아서 아이들이 좋아합니다.

뽀로로 이야기를 책으로 보거나 텔레비전으로 볼 때 다음과 같이 질문해보세요.

엄마 "만약에 크롱이 길을 잃어버리지 않았다면 어떻게 되었을까?"

책에는 크롱이 길을 잃어버리는 바람에 뽀로로와 에디를 만나지 못했다고 쓰여 있습니다. 그런데 크롱이 길을 잃어버리지 않았다니, 아이들은 생각에 생각을 거듭하겠지요? 그때 어른이 단서를 줍니다.

엄마 "뽀로로와 에디를 만났을까?"

그럴 수도 있습니다. 하지만 숲속 마을에 사는 다른 친구를 만났을 수도 있어요. 대답이 정해져 있지 않습니다. 아마도 대화는 이렇게 이어지겠지요.

엄마 "그랬구나. 다은아, 만약에 크롱이 길을 잃어버리지 않았다면 어떻게 되었을까?

🧒 **아이** "잃어버리면 안 돼."

👩 **엄마** "뽀로로와 에디를 만났을까?"

🧒 **아이** "못 만나."

👩 **엄마** "그렇겠다. 길을 안 잃어버렸으면 못 만났을 거야."

'만약에~'는 논리적 사고력과 상상력을 동시에 길러주는 말입니다.
아이와 대화하면서 서로의 상상을 주고받는 경험을 해보세요.

'만약에~'로 논리적 사고력과 상상력을 길러주는 질문들

- 산책을 하다가: "(만약에) 해가 뜨지 않으면 어떻게 될까?"
- 함께 식사를 하다가: "(만약에) 음식을 골고루 먹지 않으면 어떻게 될까?"
- 잠들기 전에: "(만약에) 양치를 안 하면 나중에 어떻게 될까?"
- 그림을 보다가: "(만약에) 돼지에게 날개가 있다면 어떨까?"
- 〈뽀로로〉를 보다가: "(만약에) 네가 크롱이었다면 기분이 어떨까?"

★ '그런데'로 대화의 주제를 바꿔요 ★

친밀감을 높이는 화제 전환

'그런데'는 화제를 바꾸는 역할을 합니다. '그런데'를 씀으로써 아이 주도의 화제가 어른의 이야기로 흘러가기도 해요. '대화는 쌍방향'이라는 것을 아이에게 이해시키고 싶을 때 쓰면 좋은 말입니다.

지훈이는 방금 유치원에 다녀왔습니다. 스쿨버스에서 내리자마자 아빠에게 달려가더니 이렇게 말합니다.

> 🧒 아이 "아빠, 아빠, 나 오늘 딸기 농장에 갔다 왔는데 거기에 큰 개가
> 있었어."
> 👨 아빠 "그래, 알았어. 일단 집에 가자."
> 🧒 아이 "아니, 그게 아니라 정말 컸다니까. 이마–안 해."
> 👨 아빠 "엄마가 빨리 오래."
> 🧒 아이 (시무룩)

아이는 농장에서 본 큰 개 이야기를 하고 싶습니다. 그러나 아빠는 큰 개에 관심이 없어요. 왜냐하면 방금 회사에서 메시지로 새로운 업무 지시가 도착했거든요. 아이와 어른의 관심사는 다릅니다. 그래서 대화가 힘들어요. 그럴 땐 이렇게 대화하는 건 어떨까요?

> 🧒 아이 "아빠, 아빠, 나 오늘 딸기 농장에 갔다 왔는데 거기 큰 개가
> 있었어."
> 👨 아빠 "그래? 얼마나 컸는데."
> 🧒 아이 "코끼리만 해."
> 👨 아빠 "에이 거짓말."
> 🧒 아이 "진짜야. 엄청 커."

아빠 "그렇구나. 그런데 아빠는 지금 기분이 안 좋아."

아이 "왜?"

아빠 "회사에서 문자가 왔거든."

아이 "무슨 문자."

아빠 "해야 할 일이 생겼어."

아이 "아빠 바빠?"

아빠 "괜찮아. 아빠 일 끝나면 다음 주에 동물원에 가자. 가서 코끼리 구경하자. 코끼리가 정말 그 개만 한지 확인해보자."

아이 "좋아!"

서아는 거실에서 텔레비전을 보다가 안방에서 나오는 엄마를 발견합니다.

아이 "엄마, 나 저거 사줘."

엄마 (듣는 둥 마는 둥 옷을 챙겨 입습니다.)

아이 "사달라니까아!"

엄마 "엄마 바빠! 이따 얘기해."

아이 (시무룩)

사실 엄마는 지금 문구점에 가야 합니다. 내일 학부모 참여 수업 때 쓸 교구를 준비해야 하거든요. 이 상황에서 다음과 같이 대화를 이어갔다면 어땠을까요?

아이 "엄마, 나 저거 사줘."

엄마 (옷을 챙겨 입습니다.)

아이 "사달라니까아!"

엄마 "뭔데?"

아이 "콩순이 살림 세트."

엄마 "콩순이 살림 세트가 갖고 싶구나. 그런데 엄마가 지금은 문방구에 가야 해."

아이 "왜?"

엄마 "내일 수업 때 쓸 비눗방울을 안 챙겼어."

아이 "아빠한테 전화해."

엄마 (잠깐 생각한 뒤에) "그렇지! 그러면 되겠구나. 아빠 퇴근할 때 사오라고 해야겠다."

아이 "맞아, 그러면 돼."

엄마 "엄마가 그 생각을 못 했네. 서아야, 고마워."

'그런데'는 화제를 바꾸는 역할을 합니다. '그런데'를 씀으로써 아이 주도의 화제가 어느덧 어른의 이야기로 흘러갔어요. 어른이라고 늘 아이의 말만 들어주어야 하는 것은 아닙니다. 어른도 사정이 있으니까요. 대화는 쌍방향이어야 합니다.

아이의 이야기를 잘 들어주는 것은 중요하지만 때로 어른도 할 말이 많아요. 그럴 땐 '그런데'로 화제를 바꿔 아이에게 어른의 상황을 이야기해주세요. 대화는 길어지고 아이와의 친밀감도 높아질 거예요. 의외로 아이들은 어른의 말을 잘 들어준답니다. 그리고 가끔 어른이 생각하지 못한 방법을 알려주기도 해요.

★ 조리 있게 말하는 연습을 해요 ★

체계 있게 말하도록 돕는 방법

아이가 수다를 늘어놓는데 한꺼번에 너무 많은 이야기를 해서 정신이 없다면 말의 체계를 갖춰 조리 있게 말하도록 도와야 합니다.

만 5~6세쯤 되면 아이들은 수다쟁이가 됩니다. 틈만 나면 '이건 이렇고 저건 저렇다'며 어른들에게 자기 경험이나 들은 이야기를 전해요. 때론 한꺼번에 너무 많은 이야기를 해서 정신이 없기도 합니다.

이때 어른들이 조리 있게 말하도록 도울 수 있습니다. '조리가 있다'는 것은 말에 체계가 있다는 뜻입니다. 어떤 사건을 말할 때 중요한 것을 놓치거나 전후 관계가 불분명하면 듣는 사람이 요지를 파악하기 어려우니 체계 있게 말할 수 있어야 합니다.

조리 있게 말하려면 몇 가지 연습이 필요합니다. 하나씩 살펴볼까요.

◆ 한 가지 주제를 잡아 대화하기

방금 유치원에서 돌아온 나은이에게 아빠가 오늘 있었던 일에 대해 묻습니다.

🙂 **아빠** "오늘 뭐 했어?"

🙂 **아이** "감자에 물도 주고 물감으로 색칠하기도 했어. 그런데 용찬이랑 태식이랑 싸웠어. 선생님이 말렸는데 나중에 용찬이가 울었어. 아빠, 근데 나 여기 신발에 흙이 묻었다. (집 안을 둘러보며) 엄마 없어?"

🙂 **아빠** "엄마 마트 갔어. 곧 올 거야."

아이가 유치원에서 있었던 여러 가지 일들을 이야기했습니다. 어른은 아이의 맨 마지막 질문에 대답을 하면서 대화를 마무리했네요. 아이가 말한 일들 중 하나를 골라 대화 소재로 삼으면 어떨까요? 이렇게요.

🧑 **아빠** "오늘 뭐 했어?"

👧 **아이** "감자에 물도 주고 물감으로 색칠하기도 했어. 그런데 용찬이랑 태식이랑 싸웠어. 선생님이 말렸는데 나중에 용찬이가 울었어. 아빠, 근데 나 여기 신발에 흙이 묻었다. (집 안을 둘러보며) 엄마 없어?"

🧑 **아빠** "싸웠다고?"

👧 **아이** "응, 용찬이랑 태식이가 싸워서 울었어."

🧑 **아빠** "왜 그랬는데?"

👧 **아이** "몰라, 태식이가 밀었대."

🧑 **아빠** "그래서 어떻게 됐어?"

👧 **아이** "선생님이 말렸는데 태식이가 때려서 용찬이 울었어."

🧑 **아빠** "아, 그랬구나. 엄마는 마트에 갔어. 곧 올 거야."

'감자 심기'를 주제로 이야기할 수도 있어요.

🧑 **아빠** "오늘 뭐 했어?"

👧 **아이** "감자에 물도 주고 물감으로 색칠하기도 했어. 그런데 용찬이랑

176

태식이랑 싸웠어. 선생님이 말렸는데 나중에 용찬이가 울었어. 아빠, 근데 나 여기 신발에 흙이 묻었다. (집 안을 둘러보며) 엄마는 없어?"

아빠 "감자에 물을 줬어?"

아이 "응, 오늘 감자 심기 했어."

아빠 "그래? 그럼 나중에 감자 먹을 수 있겠네."

아이 "응, 선생님이 여름 되면 감자 먹는다고 했어."

아빠 "그렇구나. 오늘 감자를 심고 물도 줬구나. 잘했네. 엄마는 마트에 갔어. 곧 올 거야."

아이가 이야기한 여러 가지 일들 중에서 비중 있는 일 하나를 골라 그에 대해 질문을 했습니다. 덕분에 대화 주제가 정해지고 대화가 길어졌어요.

◆ **주제 유지하기**

아이와의 대화가 산만하고 중구난방이라면 주제가 유지되고 있는지 돌아보세요. 이 이야기를 하다가 또 다른 이야기를 하고, 그러다 또 다른 이야기로 빠져나가고…… 그럴 때는 다음과 같이 해보세요.

용찬이는 텔레비전을 보고 있습니다.

아빠 "뭐 봐?"

아이 "뽀로로."

아빠 "무슨 이야긴데? 아빠도 궁금해. 이야기해줘."

아이 "알았어. 뽀로로가 친구들하고 숲속 마을에 살았어."

아빠 "그랬구나. 그래서?"

아이 "어느 날 밤에 도둑이 들어온 거야."

아빠 "어유, 큰일이네. 그래서 어떻게 됐는데?"

아이 "아빠, 근데 색종이 못 봤어?"

아빠 "왜?"

아이 "종이접기 해야 되는데."

아빠 "그래? 내가 이따가 찾아줄게. 뽀로로 이야기 계속 해줘. 도둑이 들었다고?"

아이 "응, 그래서 경찰에 신고했어. 경찰이 범인을 잡았는데 보니까 크롱인 거야."

아빠 "어떻게?"

아이 "놀라게 하려고 장난친 거였대."

아빠 "아하, 그랬구나. 다행이다. 아빠가 색종이 찾아볼게."

어른이 "뽀로로 이야기 계속 해줘"라고 말함으로써 아이가 주제에서 벗어나지 않도록 도왔습니다. 덕분에 이야기 주제가 색종이 찾기로 빠지지 않고 뽀로로 이야기를 끝까지 마무리할 수 있었어요.

178

◆ 시간 흐름에 따라 말하기

용찬이는 오늘도 유치원에 다녀왔습니다.

아이   "유치원에서 인형극 봤어."

엄마   "그래? 뭐 봤는데?"

아이   "개구리 왕자의 모험."

엄마   "와! 재밌었겠네. 나한테 얘기해줘."

아이   "개구리 왕자가 공주랑 결혼했어."

엄마   "아, 그랬구나! 그게 끝이야? 처음부터 이야기해줘. 옛날에 누
       가 살았대?"

아이   "왕자가 살았대."

엄마   "그런데 무슨 일이 생겼어?"

아이   "마법사가 왕자를 개구리로 만든 거야!"

엄마   "이런, 큰일 났네! 그래서 어떻게 됐어?"

아이   "개구리로 변한 왕자가 멀리 도망갔대."

엄마   "와! 정말 무서웠겠다!"

(이야기가 이어집니다.)

아이   "그래서 둘은 행복하게 오래오래 살았어."

한참 이어진 대화는 "행복하게 오래오래 살았어"로 끝이 났습니다.

어른이 "처음부터 이야기해줘"라고 말하자 결말 한 문장으로 끝날 뻔한 이야기가 처음부터 시작되었어요. 덕분에 용찬이는 개구리 왕자 이야기를 시간 순서에 따라, 무슨 일이 생겼는지, 그래서 어떻게 되었는지 이야기할 수 있었습니다. 이야기를 시간의 흐름에 따라 재구성하면 훨씬 조리 있게 들립니다.

◆ 중요한 사건 선별하기

나은이는 아빠와 그림책을 보고 있습니다. 아빠가 다음과 같이 지문을 읽어줍니다.

> 🧑 **아빠** "비가 오고 있네요. 숲속에서 아기 토끼가 울고 있습니다. 엄마를 잃어버렸어요. 그때 늑대가 나타납니다. 아기 토끼는 바위 뒤에 숨습니다. 그러자 늑대가 다람쥐에게 말합니다. '다람쥐야, 토끼 못 봤니?' 다람쥐는 고개를 젓습니다. 아기 토끼는 귀를 접고 죽은 듯이 숨어 있었어요."

> 👧 **아이** (가만히 듣고 있습니다.)

> 🧑 **아빠** "나은아, 숲속에서 무슨 일이 생겼니?"

> 👦 **아이** "비가 와."

> 🧑 **아빠** "그리고?"

아이 "다람쥐가 도토리를 먹고 있어."

아빠 "그렇구나. 그래서 무슨 일이 생겼어?"

아이 "늑대한테 못 봤다고 했어."

아빠가 읽어준 이야기에는 여러 가지 사건이 있어요. 다람쥐의 행동도 그중 하나예요. 나은이는 다람쥐의 행동이 인상적이었나 봅니다. 그러나 이 이야기의 뼈대를 이루는 사건은 아기 토끼가 엄마를 잃고 운 것, 그리고 늑대가 아기 토끼를 잡아먹으려 한다는 것입니다. 이 두 가지 사건이 빠지면 이야기의 핵심이 빠지는 셈이에요. 이런 경우에는 어른이 이야기를 재구성해서 들려줄 수 있습니다.

아빠 "나은아, 숲속에서 무슨 일이 생겼니?"

아이 "비가 와."

아빠 "그리고?"

아이 "다람쥐가 도토리를 먹고 있어."

아빠 "그렇구나. 그래서 무슨 일이 생겼어?"

아이 "늑대한테 못 봤다고 했어."

아빠 "그런데 누가 울고 있니?"

아이 "아기 토끼."

아빠 "아기 토끼가 왜 울어?"

아이 "엄마를 잃어버렸어."

👨 **아빠** "그렇구나. 아기 토끼가 엄마를 잃어버렸어. 그런데 <u>누가 나타났어?</u>"

👧 **아이** "늑대."

👨 **아빠** "늑대가 아기 토끼를 잡아먹으려고 하나봐. 그래서 바위 뒤에 숨었어."

👧 **아이** "아기 토끼가 숨었어."

👨 **아빠** "그래. 아기 토끼가 엄마를 잃어버려서 울고 있었어. 그런데 늑대가 나타났어. 그래서 바위 뒤에 숨었어. 이제 어떻게 될까? 늑대가 아기 토끼를 잡아먹으면 안 되는데. 궁금하다. 우리 다음 페이지 볼까?"

이번 대화에서 아빠는 "그런데 누가 울고 있니?"를 통해 아기 토끼 쪽으로 아이의 관심을 돌렸습니다. 그러면서 아기 토끼를 둘러싼 사건의 흐름에 따라 이야기하도록 도왔어요.

◆ 인과관계 말하기

옆집에 사는 용찬이도 같은 책을 읽고 있네요. 엄마가 다음 페이지를 읽어줍니다.

👩 **엄마** "늑대는 침을 흘리며 어슬렁거렸습니다. 그런데 갑자기 땅이 푹 꺼지더니 늑대가 그 안으로 떨어졌습니다. 사냥꾼이 쳐놓은 함정에 빠진 것입니다. 늑대는 소리쳤습니다. '늑대 살려, 늑대 살려!' 바위 뒤에서 나온 아기 토끼가 조심스레 다가가 말했습니다. '늑대야, 우리 엄마가 있는 곳을 알려주면 도와줄게.' 그러자 늑대가 애원했습니다. '네 엄마가 어디에 있는지 알아. 부탁이야. 날 꺼내줘.' 아기 토끼가 머리를 흔들자 귀가 점점 늘어났습니다. 밧줄처럼 길어진 아기 토끼의 귀를 붙잡고 함정 밖으로 나온 늑대가 말했습니다. '너희 엄마는 올빼미 둥지에 있어.'"

👦 **아이** (가만히 듣고 있습니다.)

👩 **엄마** "용찬아, 여기 무슨 일이 생겼어?"

👦 **아이** "늑대가 함정에 빠졌어."

👩 **엄마** "그랬구나. 그래서 어떻게 됐어?"

👦 **아이** "엄마가 올빼미 둥지에 있다고 했어."

이 장면에 가장 중요한 사건은 함정에 빠진 늑대를 아기 토끼가 구한 것입니다. 그리고 늑대가 엄마가 있는 곳을 알려준 것이에요. 두 사건은 이 이야기의 핵심이자 서로 인과관계에 있어요. 따라서 아기 토끼의 행동이 중요합니다. 그리고 "왜?"라는 질문이 필요해요.

👩 **엄마** "용찬아, 여기 무슨 일이 생겼어?"

아이 "늑대가 함정에 빠졌어."

엄마 "맞아. 늑대가 함정에 빠졌어. 그래서 아기 토끼가 어떻게 했어?"

아이 "늑대를 구했어."

엄마 "왜?"

아이 "엄마가 있는 데를 알려준다고 했어."

엄마 "그랬구나. 그래서 늑대가 엄마 있는 곳을 알려주었구나."

아이 "응."

엄마 "늑대가 함정에 빠졌는데 아기 토끼가 구해줬어. 그래서 늑대가 엄마 있는 곳을 알려줬어. 뭐라고?"

아이 "아기 토끼가 늑대를 구해줘서 늑대가 엄마 있는 데를 알려줬어."

어른은 아이가 아기 토끼의 행동에 초점을 두도록 유도했습니다. 또한 "왜?"를 통해 늑대가 함정에 빠진 것과 아기 토끼가 엄마가 있는 곳을 알게 된 것 사이의 인과관계를 이해하도록 했습니다.

이처럼 책을 읽거나 경험을 이야기할 때는 중요한 사건과 행위, 그 사이의 인과관계를 짚어주세요. 이런 경험을 통해 아이들은 이야기의 핵심을 이해하고 상대에게 효과적으로 전달하는 연습을 할 수 있어요.

조리 있게 말하는 연습 5가지

- 한 가지 주제를 잡아 대화하기
- 시간의 흐름에 따라 말하기
- 인과관계 이해하기
- 주제 유지하기
- 중요한 사건 선별하기

★ "싫어!"라며 고집부리면 이렇게 해요 ★

아이가 거부 행동을
보일 때의 대화법

아이가 "싫어" "안 해" "미워"와 같은 말들을 달고 살고 "왜? 왜 안 돼?"라고 따지기 시작하면
서 아이와의 말싸움이 시작됩니다. 이때는 다양한 방식으로 금지의 이유를 이야기해주세요.

아직 말을 못 하는 첫돌 이전의 아기들은 "안 돼" "그만"이라는 말을 들으면 하던 일을 멈추고 어른의 눈을 쳐다봅니다. 금지의 뜻을 이해하고 반응하는 것이지요. "맘마 먹자" "이리 와" "코 자자"와 같은 지시에도 잘 따릅니다. 특히 졸리거나 배가 고프면 어른의 그런 말이 더없이 반갑겠지요. 하지만 싫을 때는 어떻게 반응할까요? 말로 표현이 어려우니 고개를 돌리거나 손을 내저어요. 그러면 어른은 밥을 먹이던 숟가락을 내려놓거나, 아기를 더 놀린 뒤에 잠을 재웁니다.

아이가 말문이 트인 뒤에는 싫다는 행동과 함께 "싫어" "안 해" "미워"와 같은 말들로 거부의사를 표현합니다. 조금 더 크면 이유를 따집니다. "왜? 왜 안 돼?"라고요. 이때부터 아이와의 말싸움이 시작되고, 어른은 금지의 이유를 설명해야 합니다.

이처럼 아이가 거부의사를 표현할 때는 어떻게 대화로 풀어가는 게 좋을까요?

◆ 만 1~2세: 거부하는 이유를 어른이 대신 설명하기

이 시기의 아이들은 일상에서 자주 접하는 사물의 이름과 간단한 동사들을 이해합니다. 그러나 이해하는 말이 많지 않고 표현도 서툴러서 자신의 상태를 말로 표현하기가 어렵습니다. 그래서 왜 거부 행동을 하는지를 어른이 쉽게 알아채지 못합니다.

18개월 된 지호는 명절이 되어 부모님과 큰집에 갑니다. 아빠가 카시트에 지호를 앉히고 벨트를 채우려고 합니다.

아이 (안전벨트를 하기 싫다며 발버둥을 칩니다.)

아빠 "가만히 있어. 벨트가 안 매지잖아!"

아이 (잠깐 있다가 또다시 발버둥을 칩니다.) "안 해!"

아빠 "안 돼! 벨트 매야 돼. 안 그럼 다쳐!"

아이 (아빠의 얼굴을 주먹으로 치며) "안 해!"

아빠 (화난 말투로) "때리는 거 아니야! 혼나!"

아이 (계속 울면서 주먹질을 합니다.)

어른은 아이의 돌발 행동에 깜짝 놀랍니다. 도대체 왜 이러는지 이유를 알 수 없어요. 한동안의 실랑이 끝에 차는 출발하지만 어른도 아이도 기분이 좋지 않습니다. 도대체 지호는 왜 그런 걸까요?

이 시기의 아이들이 이해할 수 없는 거부 행동을 보이는 데는 여러이유가 있습니다. 그중 하나는 몸 상태, 즉 컨디션입니다. 우선, 배가 고플 수 있어요. 이 시기의 아이들은 시도 때도 없이 배고픔을 느낍니다. 두 번째 이유는, 지쳐서 그럴 수 있어요. 그럴 땐 충분히 수면을 취해야 해요. 그러니 아이에게 배가 고픈지, 졸린지 물어봐야 합니다. 졸리다고하면 몇 분이라도 안아준 뒤에 카시트에 눕히고 출발합니다. 아마도 대화는 다음과 같아지겠지요.

🙂 **아빠** "졸려?"

🙂 **아이** "졸려."

🙂 **아빠** "그래. 아빠가 안아줄게. 코 자." (안아주다가 자리에 눕힌 후 벨트를 채우고 차를 출발합니다.)

아이의 상태를 어른이 말로 설명해주면서 대안을 마련해주었어요. 아이에게 선택권을 줄 수도 있습니다.

아이가 졸리지도 배가 고프지도 않다고 하면 그저 차를 타는 게 싫을 뿐이에요. 차가 움직일 때 느껴지는 진동과 소음을 견디기가 힘든 것입니다. 그런데 큰집까지 가려면 답답한 카시트에 앉아 세 시간을 있어야 하니 짜증이 날 수밖에 없어요. 이때는 다음과 같이 대화할 수 있습니다.

🙂 **아빠** "답답해?"

🙂 **아이** "답답해."

🙂 **아빠** "휴게소에서 쉬자. 지금 쉬었다가 출발할까? 아니면 휴게소에서 맛있는 것 먹으면서 쉴까?"

───────

🙂 **아빠** "가기 싫어?"

🙂 **아이** "싫어."

🙂 **아빠** "미안해. 추석이잖아. 큰집에 가야 해. 빨리 가서 빨리 올래, 늦게 가서 늦게 올래?"

어른이 아이에게 선택형 질문을 통해 선택지를 주었어요. 아이 입장에서 보면 대안이 생긴 셈입니다.

◆ 만 3~4세: 거부하는 이유를 대화를 통해 알아내기

이 시기가 되면 어휘가 폭발적으로 늘어나서 형용사를 사용해 자신의 생각과 상태를 표현할 수 있습니다. 이유와 방법을 묻는 질문에도 대답할 수 있어서 어른이 아이의 상황을 파악하기가 쉬워집니다. 구문 지식도 늘어나 조건문으로 말할 수 있고, 대안을 설명하면서 '설득'할 수도 있습니다.

어느덧 40개월이 된 지호가 차를 타고 큰집에 가야 합니다.

아이 (안전벨트를 하기 싫다며 발버둥을 칩니다.)

아빠 "가만히 있어. 벨트가 안 매지잖아!"

아이 (잠깐 있다가 또다시 발버둥을 치며) "안 해!"

아빠 "안 돼! 벨트 매야 돼. 안 그럼 다쳐!"

아이 "가기 싫다고!"

아빠 "왜 싫어?"

아이 "불편해."

아빠 "불편해? 어디가?"

아이 "자리가 좁아."

아빠 "자리가 좁아서 불편하구나. 알았어. 그럼 벨트를 좀 느슨하게 해보자."

이전과 대화가 많이 달라졌습니다. 어른이 "왜 가기 싫어?"라고 묻고 아이는 "자리가 좁아서 불편하다"고 대답하고, 어른은 벨트를 느슨하게 풀어줌으로써 아이가 느끼던 불편함을 해소해주었어요.

아이가 발버둥치는 원인을 알아보기 위해 이런 질문을 할 수도 있습니다.

- "불편하면 자리를 바꿀까? 어디가 좋을까?"
- "창문을 조금 열어놓을까?"
- "점퍼 벗을래?"

이 시기의 아이들은 자신의 상태를 충분히 말로 설명할 수 있으니 대화를 통해 아이의 상태를 파악하거나 그 이유를 물어보고 함께 대안을 모색하세요.

◆ 만 5~6세 이후: 지금의 상황을 바라보도록 이끌기

이 시기가 되면 아이들의 집중력이 좋아집니다. 그리고 복잡한 문장을 이해하고 표현할 줄도 압니다. 비유나 간접적인 표현도 이해할 정도로 언어적 사고가 발달해요. 그래서 대화를 할 때 '기준'이 필요합니다. 이랬다저랬다 하면 안 돼요.

그리고 왜 그 행동을 해야 하는지 좀 더 논리적으로 설명해줘야 해요. 안 하면 어떻게 되는지, 자신의 행동이 어떤 영향을 미치는지 등 아이가 지금 상황을 다양한 측면에서 바라볼 수 있게 도와주세요.

아이 (안전벨트를 하기 싫다며 발버둥을 칩니다.)

아빠 "가만히 있어. 벨트가 안 매지잖아!"

아이 "벨트 매기 싫어."

아빠 "안 돼! 벨트 매야 돼. 안 그럼 다쳐!"

아이 "답답해서 하기 싫다고! 그냥 갈래."

아빠 "벨트를 안 매면 사고가 났을 때 크게 다쳐. 그래서 하는 거야."

아이 "운전 조심하면 되지."

아빠 "네 말이 맞아. 하지만 운전을 아무리 조심히 해도 사고는 날 수 있어."

아이 "왜 사고가 나?"

아빠 "뒤에서 차가 들이받을 수도 있고, 앞에 가던 차가 갑자기 설

수도 있잖아. 그래서 벨트를 꼭 매야 해. 안 그러면 벌금 내야 된다고."

🧒 **아이** "벌금?"

👨 **아빠** "그래, 벌금을 내면 아빠가 얼마나 속상하겠니?"

대화가 상당히 길어졌습니다. 안전벨트를 매지 않았을 때의 결과를 말해주면서 아이를 설득했어요. 그러면서 다양한 경우를 가정했습니다. 이런 대화를 통해 아이는 자신이 불편을 감수해야 하는 이유를 이해하게 됩니다. 어른이 무조건 행동을 통제하는 대신 합리적인 이유를 말해주었기 때문에 자신의 주장이 무시당했다는 생각이 덜 들 거예요.

아이가 거부 행동을 보일 때 대처하는 방법

- 만 1~2세: 어른이 아이의 상태를 말해주고 어떻게 할지 선택하게 하기
- 만 3~4세: 거부하는 이유를 묻고 대안 설명하기
- 만 5~6세 이후: 행동의 결과를 예상하고 다른 사람들의 입장을 고려해 설득하기

★ 생떼도 대화로 해결할 수 있어요 ★

아이의 생떼를 통제하는 말들

아이가 갑자기 생떼를 부리는데 도저히 통제가 안 될 때가 있습니다. 그럴 땐 아이의 욕구는 어느 정도 인정하면서 아이에게 선택안을 제시하세요. 그러면 아이는 배려받았다고 느끼고, 생떼를 부리는 대신 원하는 것을 말로 표현할 것입니다.

아이가 어른의 제안에 쉽게 수긍하고 생떼를 멈추면 다행이지만 그렇지 않은 경우가 많습니다. 특히 아직 말이 서툰 만 1~2세 아이들이 갑작스레 생떼를 부리는 일이 많아요. 앞선 상황을 다시 볼까요?

아이 (안전벨트를 하기 싫다며 발버둥을 칩니다.)

아빠 "가만히 있어. 벨트가 안 매지잖아!"

아이 (잠깐 있다가 또다시 발버둥을 칩니다.) "안 해!"

아빠 "안 돼! 벨트 매야 돼. 안 하면 다쳐!"

아이 (아빠의 얼굴을 주먹으로 치며) "안 해!"

아빠 (화난 말투로) "어허. 너, 뭐하는 짓이야. 아빠한테 혼나!"

아이 (울면서 계속 아빠를 때리며) "미워."

아이가 화가 많이 났나 보네요. 그래도 사람을 때리는 행동은 옳지 않습니다. 아이가 이런 행동을 할 때는 초기에 통제해야 합니다. 다음과 같이 해보세요.

아이 (아빠의 얼굴을 주먹으로 치며) "안 해!"

아빠 (침착하게 아이의 손목을 잡고) "안전벨트 하기 싫어?"

아이 "싫어."

아빠 (침착하고 단호한 표정으로) "안전벨트하기 싫구나. 그래서 화가 났어?"

아이 "싫어. 화났어."

🧑 **아빠** "내가 미안해. 하지만 안전벨트는 매야 돼. 안 하면 다쳐."

🧒 **아이** (계속 울면서 주먹질하려고 합니다.)

🧑 **아빠** (주먹질을 못 하게 하면서 흔들림 없이 차분한 말투로) "때리지 마. <u>내가 못 때리게 할 거야.</u>"

여기서 어른은 아이가 감정을 말로 표현하게 한 뒤에 행동을 통제했어요. 그러면서 '나'라는 인칭대명사를 사용해 생떼와 같은 문제 행동에 대한 금지 주체를 명확히 했습니다.

아이의 이런 행동은 초기 대응이 중요합니다. 만약 생떼가 만성화되어 통제가 불가능해지면 다음과 같은 방법을 사용해보세요.

👩 **엄마** "이제 그만 가자."

🧒 **아이** "싫어."

👩 **엄마** "안 돼. 시간 다 됐어."

🧒 **아이** "안 가!" (장난감을 집어던집니다.)

👩 **엄마** (침착한 말투로) <u>"좀 더 놀고 싶구나. 그럼 말로 해."</u>

🧒 **아이** "더 놀고 싶어."

👩 **엄마** "장난감 던지면 못 놀아. 미안하다고 말해. 그러면 5분 정도 더 놀 수 있어."

🧒 **아이** "미안해."

👩 **엄마** "장난감 다시 가져와."

196

🧒 **아이**　(장난감을 가져옵니다.)

　일단 말로 마음을 표현하게 하고 5분 정도 더 놀 수 있는 보상을 줍니다. 아이는 마음을 말로 표현해봤기 때문에 다음번에는 장난감을 집어던지기 전에 더 놀고 싶다고 표현할 가능성이 높습니다. 이처럼 만성화된 아이의 생떼에 대처할 때는 아이의 욕구(놀고 싶음)와 생떼(던지기)를 분리해서 대응하세요. 욕구는 일정 부분 인정하고 그 대신 생떼는 없애는 것입니다. 그런 다음에 말로 설득하는 식으로 단계적으로 접근해요. 아래와 같이 선택권을 줄 수도 있습니다.

👩 **엄마**　"지금 가면 뽀로로 만화를 볼 수 있어. 더 놀면 그럴 수 없어. 지금 갈 거야, 더 놀 거야?"

🧒 **아이**　"더 놀 거야."

👩 **엄마**　"그래, 그럼 조금 더 놀아."

　아이에게 두 가지 선택안을 제시했습니다. 아이가 지금은 더 노는 것을 선택하지만 다음에는 놀이를 정리하고 집으로 돌아갈 수 있어요.
　이런 대화는 아이가 자신의 상태를 이해하고 표현하는 데 도움이 됩니다. 또한 아이에게 선택권을 줌으로써 배려받았다고 느끼게 합니다. 둘 다 생떼를 부리는 대신 대화로 풀게 하는 효과가 있습니다.

◆ 아이의 생떼를 통제할 때 알아둘 점

생떼는 자연스러운 성장 과정

아이들은 생떼를 부리면서 어른의 반응을 봅니다. 그러면서 자신이 믿고 의지할 수 있는 사람인지 아닌지를 가늠해요. 일종의 '흔들어보기'입니다. 이는 자연스러운 성장 과정이에요. 모든 아이가 한 번쯤은 그런 행동을 한다는 뜻입니다. 아이들은 자신을 안전하게 보호해줄 수 있는 어른을 원해요. 초기의 생떼에는 그런 의미가 숨어 있습니다.

그러니 아이의 생떼를 개인적으로 받아들일 필요가 없습니다. '이 아이가 나를 무시한다' '나한테 대든다' 이렇게 생각하고 같이 흥분하면 아이가 던진 미끼(?)를 무는 셈입니다. 아이가 생떼를 부려도 침착하세요. 단호하고 차분하게 대응하면 아이는 그런 어른을 믿고 따르게 됩니다.

198

금지와 개입은 한 끗 차이

부모 상담을 하다 보면 사사건건 아이의 행동을 금지하는 분들이 있습니다. 반대로 무조건적인 허용으로 대응하는 분들도 있어요. 어른이 지나치게 아이의 행동에 개입하면 자율성이 위축됩니다. 반면에 무조건적인 허용은 아이들을 불안하게 해요. 아이들에게는 울타리가 필요합니다. 아이를 좁은 틀에 가두지도, 홀로 벌판에 서 있게도 하지 마세요.

"안 돼"를 말할 수 있는 기준

아이들의 행동을 통제하는 "안 돼"에는 몇 가지 기준이 필요합니다.

- 안전한가?
- 다른 사람들에게 피해를 주는가?
- 사회적 통념에 어긋나는가?

이 기준에 따라 아이가 안전하지 않은 행동(예: 위험한 곳에 매달리기, 날카로운 물건 만지기 등), 다른 사람들에게 피해를 주는 행동(예: 다른 사람 때리기, 상점의 물건 만지기 등), 사회적 통념에 어긋나는 행동(예: 공공장소에서 신체 노출하기 등)을 하면 어른은 단호히 "안 돼"라고 말해야 합니다.
하지만 아이의 행동이 어른의 마음에 안 들 때(예: 특정 옷 고집하기), 아이의 행동이 다른 사람들의 시선을 끌 때(예: 놀이터에서 노래 부르기), 아이의 행동이 이기적으로 보일 때(예: 시간 없는데 놀아달라고 하기)는 "안 돼"라고 하는 게 맞는지 고민해야 합니다. "안 돼"는 아이를 위한 말이지, 어른을 위한 말이 아니니까요.

★ 인칭대명사로 '나'와 '너'를 인식해요 ★

인칭대명사를 써야 하는 이유

아이와 다툴 때, 아이가 말을 잘 듣지 않고 고집을 부릴 때 '엄마는' '아빠는' 대신 '나는'으로 대화를 해보세요. '아들' '딸'이라는 말 대신 '너'라고 해보세요. 아이의 눈빛이 달라질 거예요.

'나'는 누구일까요? 아이 입장에서 한번 생각해보겠습니다.

사람들이 '용찬이'라고 부르는 아이가 있습니다. 그러면 용찬이가 말하는 '나'는 '용찬이'일까요? 그렇습니다. 그래서 말을 막 시작한 아이들은 자기를 이름으로 부릅니다. "나 줘"가 아니라 "용찬이 줘"라고요. 옆집 사는 태식이도 자기를 '나'라고 부릅니다. '너'라는 말도 그렇습니다. 용찬이와 태식이는 서로에게 '너'라고 부릅니다. 그렇게 용찬이와 태식이는 자기가 자기를 부를 때 '나'라고 하지만 다른 사람을 부를 때는 '너'라고 해야 한다는 사실을 알게 됩니다.

이렇게 해서 '나'와 '너'라는 인칭대명사를 습득합니다. 이것은 다른 사람들을 인식하는 중요한 전환점이 돼요. 이 과정은 아이가 만 2세가 될 때까지 진행됩니다. 그런데 어른들은 대화에서 인칭대명사를 잘 안 씁니다. 대신 직위나 역할을 나타내는 말들을 써요. 잠깐 외국 영화의 한 장면을 보겠습니다.

아이 "What are you doing here?" (엄마, 여기서 뭐 해?)

엄마 "Why?" (왜?)

아이 "There's a zombie!" (좀비가 나타났어요!)

엄마 "Oh my god. Get out of here! Right now!" (세상에, 당장 도망쳐!)

동네에 좀비가 나타났네요. 그런데 영어 원문에 '엄마'라는 단어는 어디에도 없어요. you, 즉 '너'라고 되어 있습니다. 하지만 "너 뭐 해?"라고 번역할 수 없어요. 대신 '엄마'라는 가족 호칭을 넣습니다. 그게 훨씬 '우리에게' 자연스럽게 때문이에요.

우리나라의 어른들은 '너'라는 말을 잘 안 씁니다. 대신 '용찬이 엄마' '나은이 아빠' '김 서방' '며늘아가' '최 선생님' '조 과장'이라고 하죠. '나'를 '나' 자체가 아닌 특정 지위나 역할로 인식하는 데 익숙합니다. 아이들과 대화할 때도 마찬가지예요.

> 엄마   "아들, 뭐 해?"
> 아이   "찰흙놀이 해."
> 엄마   "오, 재밌겠는데. 엄마랑 같이 할까?"
>
> ―――――
>
> 아이   "자전거 탈래."
> 아빠   "그럴까? 우리 딸, 밖에 나가서 자전거 탈까?"
> 아이   "응."
> 아빠   "그래, 아빠가 장갑이랑 헬멧 챙겨 갈게."

위의 사례처럼 굳이 '나'라는 말을 쓰지 않아도 대화가 자연스럽지만 어딘가 모르게 아쉽습니다. '나와 '너'의 자리를 '엄마' '아빠' '아들' '딸'이라는 말이 대신했기 때문입니다. 가끔은 이런 틀에서 벗어날 필요가 있습니다.

💁 엄마 "이리 줘. <u>내가</u> 할게."

👦 아이 "싫어. <u>나</u> 할래."

💁 엄마 "<u>내</u> 말 들어. 그러다 다친다."

👦 아이 (생떼를 부립니다.)

💁 엄마 "그러지 마. <u>나</u> 속상해."

'나'라고 하니 대화가 더 긴밀해졌습니다. '엄마'나 '아빠' 같은 역할 대신 나 자신을 드러냈기 때문입니다.

인칭대명사를 쓰면 말하는 사람의 감정이나 의지가 잘 전달됩니다. 어른은 솔직해지고, 아이는 어른을 가까이 느낄 수 있어요.

이런 대화법은 특히 갈등 상황에서 위력을 발휘합니다. 아이와 다툼이 있을 때, 아이가 말을 잘 듣지 않을 때, 고집을 부릴 때 '엄마는' '아빠는' 대신 '나는'이라는 말로 대화를 시작해보세요. '아들' '딸'이라는 말 대신 '너'라고 해보세요. 아이의 눈빛이 달라질 거예요.

★ 아이의 말이 너무 빠르거나 느리다면 ★

한 호흡당 말소리
속도 조절하기

아이의 말이 너무 빠르거나 너무 느리다면 숨이 차지 않게끔, 한 호흡에 평소 절반가량의 말소리를 덜 혹은 더 내보낸다는 생각으로 속도를 조절하게 도와주세요.

대화에서 말의 속도는 정보의 흐름에 영향을 미칩니다. 말의 속도가 너무 빠르면 알아듣기가 어렵고, 반대로 너무 느리면 듣는 사람이 기다리느라 상대에게 해야 할 말을 제때 전달하기가 어려워지지요.

말의 속도는 호흡과 관련이 있습니다. 사람의 말소리는 날숨(숨을 내쉼)일 때만 발생해요. 즉 숨을 들이마시는 동안은 말하지 못합니다. 말이 빠르다는 것은 한 번 숨을 내쉬는 동안 너무 많은 말을 한다는 뜻입니다. 반대로 말이 느리다는 것은 한 번 숨을 내쉬는 동안 비교적 적게 말을 한다는 뜻이지요. 따라서 적당한 속도로 말하려면 한 호흡당 적당량의 말소리를 산출해야 합니다.

조금 복잡하고 어려워 보이지만 우리는 이미 무의식적으로 그렇게 하고 있습니다. 평소 자신의 호흡을 의식하는 사람은 없습니다. 다만 말을 빨리 하는 바람에 숨이 차다거나 말하는 동안 여러 번 숨을 쉰다면 이는 말하는 습관에 문제가 있음을 의미합니다.

그러니 아이가 말이 너무 빠르거나 느리다면 이를 충분히 의식해서 숨이 차지 않게끔, 한 호흡에 평소 절반가량의 말소리를 덜(혹은 더) 내보낸다는 생각으로 속도를 조절하는 연습이 필요합니다.

★ 대화가 저절로 이루어지려면 ★

놀이로 대화하기

"대화 시작!" 하고 외친다고 해서 대화가 바로 되진 않습니다. 대화하려면 화젯거리가 있어야 해요. 가장 좋은 것은 놀이입니다. 사진 보기, 그림책 읽기, 만들기도 대화를 이어가는 좋은 방법입니다.

206

대화에는 계기가 필요합니다. 건강한 음식이 좋은 식재료로 만들어지듯 대화가 풍부하려면 좋은 화젯거리가 있어야 해요. 놀이가 그렇습니다. 노는 동안 끊임없이 대화를 나누고, 놀이가 끝나면 그 경험을 재료로 대화를 할 수 있습니다.

놀이를 비롯해서 아이들과 자연스럽게 대화를 나눌 수 있는 몇 가지 활동을 소개합니다.

◆ 역할 놀이하기

역할 놀이란 말 그대로 각자 역할을 맡아서 하는 놀이입니다. 소꿉놀이를 하면서 아이는 엄마, 아빠, 아기 등의 역할을 맡습니다. 병원 놀이에서는 의사나 환자 역할을 하고, 가게 놀이에서는 손님이나 주인 역할을 하지요. 상황과 화제가 분명하기에 바로 관련 대화를 할 수 있습니다.

엄마 "똑똑. 계세요?"

아이 "누구세요?"

엄마 "손님이에요."

아이 "들어오세요."

엄마 "사과 있어요?"

아이 "네, 있어요."

엄마 "사과 하나에 얼마예요?"

아이 "백 원이에요."

엄마 (돈을 내밀며) "사과 한 개 주세요."

아이 (물건을 주며) "여기요."

선주와 엄마가 과일가게 놀이를 합니다. 1어절에서 3어절로 된 문장으로 자연스럽게 대화가 이어지고 있어요. 아이는 이 과정에서 과일 이름, 인사말과 수를 세는 말 등을 배울 수 있습니다.

역할 놀이를 하며 배울 수 있는 말에는 다음과 같은 것들이 있습니다.

- 엄마 아빠 놀이: 가족 호칭, 사물 이름, 관련 동사와 형용사

- 시장 놀이: 과일·채소·생선 등 먹을거리 이름, 물건을 세는 단위, 화폐 단위, 분량·수량과 관련한 수식어 등

- 음식점 놀이: 음식 이름, 수량에 관한 말, 맛과 관련한 말 등

- 병원 놀이: 청진기, 주사기, 약, 체온계, 몸과 관련한 말, 증상을 알리는 형용사, 몸의 움직임 관련 동사 등

- 요리 만들기: 음식 재료 이름, 도구 이름, 조리 방법 표현 등

- 경찰관 놀이: 도둑이 들고 전화 신고를 받고 경찰이 출동하는 과정에서 쓰이는 표현(주소 말하기, 신고 이유 말하기, 도둑이 들어온 결과 말하기, 범인 잡는 방법 찾기 등)

- 소방관 놀이: 불이 나고 전화 신고를 받고 소방관이 출동하는 과정에서

쓰이는 표현(주소 말하기, 신고 이유 말하기, 불이 난 원인 말하기, 불이 난 결과 말

하기, 불을 끄는 방법 찾기 등)

◆ 산책하기 ─────────────────────────────

동네에는 다양한 건물과 시설이 있습니다. 아이와 함께 산책하면서

이를 소재로 대화해보세요. 가게 이름, 파는 물건, 시설 이름 등을 이야

기하면서 새로운 낱말을 배우고 아침, 점심, 저녁의 풍경에 대해 이야기

하면서 상태와 변화, 움직임을 표현하는 말을 익힐 수 있습니다.

◆ 집안일 함께 하기 ─────────────────────────

집안일을 하면서 대화가 가능할까요? 혼자서는 어렵지만 아이와 함

께 있으면 가능합니다. 이건 이렇고 저건 저렇고 설명하면서 대화할 수

있어요. 아이는 옆에서 관찰하는 것으로 충분해요. 아이가 직접 집안일

을 하고 싶어 하면 안전하게 경험할 수 있도록 해주세요.

- 빨래: 옷의 종류(윗옷, 내복, 외투 등), 색깔, 기능(장갑, 모자, 양말 등), 소유

  자(엄마·아빠·동생 등 가족과 관련한 표현), 세탁과 건조 등 일련의 과정과

관련한 표현(빨기, 헹구기, 널기, 다리기 등), 세탁기 작동 순서에 대한 표현, 세탁과 빨래 용품 낱말들(비누, 세제, 건조대, 빨래집게, 다리미 등) 등

- 설거지: 식기 종류(컵, 접시, 밥그릇, 대접, 종지 등), **상태와 관련한 표현**(뽀드득, 반짝반짝, 미끌미끌 등), 설거지 절차와 관련한 표현(닦기, 세제 묻히기, 거품 내기, 문지르기, 헹구기) 등

- 청소: 청소기 작동 관련 표현(플러그 꽂기, 버튼 누르기, 밀기, 끄기, 플러그 뽑기 등), 집 안 장소(거실, 안방, 부엌, 욕실 등), **상태**(깨끗해, 얼룩이 졌네, 지저분해 등) 관련 표현 등

◆ 만들기

폐품을 활용해 만들기를 해보세요. 만드는 방법은 책이나 인터넷에서 쉽게 구할 수 있습니다. 아이와 함께 만들기를 하면서 다양한 동사 표현, 재질과 형태에 대한 형용사 표현 등을 배울 수 있습니다.

- 재료: 종이, 쇠, 고무, 흙, 나무 등
- 재질과 형태: 딱딱하다, 물렁하다, 판판하다, 거칠다, 매끄럽다, 둥글다, 구부러지다, 날카롭다, 뾰족하다, 뭉툭하다 등
- 만드는 행위: 가위로 자르다, 테이프(풀)로 붙이다, 종이를 접다 등

◆ 사진 보기

휴대폰에는 사진이 저장되어 있고, 사진에는 아이와 함께한 추억들이 있어요. 함께 사진을 보면서 대화해보세요. 추억이 새록새록 떠오르면서 서로 할 이야기가 많아질 거예요. 그러면서 경험을 언어적으로 재구성하는 시간을 가질 수 있습니다.

- 과거의 경험 말하기
- 시간 순서대로 말하기
- 느낌 말하기(예: 그때 기분이 어땠어?)
- 가정해서 말하기(예: 만약 그때 그랬으면 어땠을까?)

◆ 그리기

아이들은 그림 그리기를 좋아합니다. 함께 그림을 그리면서 이런저런 대화를 나눌 수 있어요. "너는 뽀로로를 그려, 나는 에디를 그릴게" 또는 "와, 이건 정말 큰 공룡이구나. 이름이 뭐야?"처럼 제안하거나 질문할 기회가 생겨요.

그림을 그리면서 색, 모양과 관련한 표현을 익히거나, 사물을 비교하면서 유사점이나 차이점을 찾는 활동 등을 할 수 있습니다.

◆ 종이접기

종이접기에는 순서가 있습니다. 게다가 접는 방식이 다양하고 결과물도 여러 가지예요. "이건 어떻게 접는 거야?" "그다음엔 어떻게 해?"와 같이 질문을 통해 대화를 유도하고 결과물에 대해 이야기해보세요. 그러면서 색깔, 접는 방법과 관련한 표현(안으로, 밖으로, 반으로, 바깥으로, 뒤집어서 등)을 들려줄 수 있습니다.

◆ 그림책 읽기

그림책을 읽는 동안 아이와 어른은 함께 하나의 이야기를 경험합니다. 이때 질문을 통해 대화를 유도할 수 있어요. 책을 읽으면서 혹은 다 읽은 다음에 다음과 같이 말해보세요.

- 낱말 이름 묻기: "이게 뭐야?"
- 결과 예측하기: (다음 페이지를 읽기 전에) "아기 토끼는 이제 어떻게 될까?"
- 원인 유추하기: "토끼는 왜 엄마랑 헤어졌지?"
- 입장 되어보기: "토끼가 불쌍해. 토끼 마음이 어떨까?"
- 시간 순서대로 구성하기: "좀 전에 무슨 일이 일어났지?"

- 가정하기: "토끼가 한눈을 팔지 않았다면 어떻게 했을까?" "용찬이라면 어떻게 할 거야?"

◆ 보드게임 하기

보드게임은 '탁자 앞에 앉아서 하는 게임'이라는 뜻으로 테이블 게임, 테이블탑 게임이라고도 합니다. 부루마블이나 윷놀이처럼 카드나 말판 등을 가지고 하죠. 유럽을 중심으로 퍼진 놀이문화인데, 최근 여가 시간이 많아지면서 우리나라에서도 많은 사람이 즐기고 있어요.

보드게임의 핵심은 규칙과 단계적 행동에 있습니다. 게임을 하려면 규칙을 알아야 해요. 읽고 이해하기 혹은 설명하고 듣기의 과정이 필요해요. 그런 다음 규칙에 따라 단계적으로 행동합니다. 보통은 내 차례와 상대방의 차례가 정해져 있고요.

게임을 하는 동안 다양한 대화를 할 수 있습니다. 지금의 상황이 어떤지, 앞으로 어떻게 할 건지, 그러면 나는 어떻게 되는지 등 화제가 무궁무진해요. 게임이 끝난 후에는 아까 왜 그랬는지, 그래서 어떻게 됐는지, 그때 그러지 않으면 어떻게 됐을지 등 더 다양한 대화로 이어갈 수 있습니다. 게임 과정 및 관련 언어 활동을 정리하면 다음과 같습니다.

- 게임 규칙 설명하기: 문장 이해

- 게임 실행하기: 규칙 지키기

- 게임 도중: 상황 설명하기, 제안하기, 정보 교환하기 등

- 게임 종결 시: 점수 계산하기, 결과 말하기, 원인 말하기, 가정하기, 추
  측하기 등

★ 아이의 행동을 대화로 변화시켜요 ★

말로 행동을 통제하는
효과적인 방법

어른이 아이의 행동을 통제하는 방식은 명령적 통제, 지위적 통제, 인성적 통제, 합리적 통제
가 있습니다. 여러분은 어떤 방식으로 아이의 행동을 통제하나요?

어린이날, 놀이동산이 사람들로 가득합니다. 그중 세 가족의 대화를 보겠습니다.

- **용찬이네 가족: 놀이기구 '문어차' 앞에서**

🧒 **아이** "이거 하자."

🧑 **아빠** "대기 줄이 기네. 안 되겠다. 그 옆에 있는 악마성으로 가자."

🧒 **아이** "싫어. 나 저거 탈래."

🧑 **아빠** "말 안 들을래? 이리 와. 얼른 악마성으로 가."

용찬이 아빠는 어른이 가족을 이끌어야 한다고 믿고 있습니다.

- **나은이네 가족: 기념품 가게에서**

👧 **아이** "저거 사줘."

👩 **엄마** "목걸이?"

👧 **아이** "응, 예쁘다."

👩 **엄마** "안 돼."

👧 **아이** "사줘어~."

👩 **엄마** "안 된다니까. 애들은 저런 거 하는 거 아니야."

나은이 엄마는 지나치게 화려한 목걸이가 아이에게 어울리지 않는다고 생각합니다. 아이는 아이답게 커야 한다고 믿고 있어요.

- **태식이네 가족: 식당에서**

아이 "나도 먹을래."

아빠 (맥주잔을 가리키며) "이걸?"

아이 "응. 나도 줘."

아빠 "안 돼."

아이 "쪼금마안."

아빠 "안 된다니까. 사람들이 어떻게 생각하겠어? 그건 나쁜 짓이야."

태식이 아빠는 아이가 예의 바른 사람으로 자라기를 바랍니다. 다른 사람들을 불편하게 하는 일을 해서는 안 된다고 생각해요.

세 가족의 대화에서 눈여겨볼 것은 어른들의 서로 다른 언어 통제 유형입니다. '언어 통제 유형'이란 영국의 사회학자 바실 번스타인이 제시한 개념으로, 어른이 아이의 행동을 통제하는 언어적 방식을 말해요. 명령적 통제, 지위적 통제, 인성적 통제로 나눕니다.

명령적 통제는 명령으로 행동을 통제하는 유형이에요. 용찬이 아빠가 그렇지요. "하지 마" "그것도 못 해?" (아이가 하던 걸 빼앗으며) "이리 줘" "(벌 세우며) 손 들어" 이런 말이 모두 명령적 통제에 해당합니다. 어른이 제시하는 구문이 단순하고 아이가 대꾸할 기회가 없기 때문에 대화가 이어지기 어렵습니다. 언어 발달의 측면에서 보면 아이가 배울 게 별로 없어요.

지위적 통제는 사회적 지위를 이용합니다. "어린아이가 그렇게 행동하면 못 써!" "엄마가 하라면 해야지" "아빠 말 들어야지" 이런 식으로 '부모-아이' 또는 '어른-아이'라는 사회적 지위가 행동 통제의 근거가 됩니다. 나은이 엄마가 그랬어요. 지위적 통제는 명령적 통제보다는 대화의 여지가 좀 더 있지만 대화가 길게 이어지기는 어렵습니다.

인성적 통제란 아이에게 자기 행동의 결과를 느끼게끔 하는 방법입니다. 태식이 아빠가 여기에 해당합니다. "네가 그러면 사람들이 뭐라고 생각하겠어?" "네가 그런 행동을 해서 엄마 마음이 아프다" "쓰레기를 함부로 버리면 환경이 얼마나 더러워지겠니?"라고 말해요. 그러면 아이는 상대의 입장에서 고민해볼 수 있어요. 원인과 결과를 이해하고 이를 언어적으로 이해할 수 있는 기회가 생깁니다.

언어 발달 측면에서 보면 명령적 통제보다는 지위적 통제가, 지위적 통제보다는 인성적 통제가 좋습니다. 대화에서 더 많은 어휘와 문장 형식이 사용되고, 아이가 질문할 수 있는 여지가 점점 늘어나요.

그러나 인성적 통제에도 한계가 있습니다. 윤리적 판단에 기초하기 때문에 아이에게 자신의 욕구가 그릇됐다는 인식을 심어줄 수 있습니다. 그렇기에 저는 여기에 한 가지 통제 유형을 더했습니다. 바로 '합리적 통제'입니다. 아이 스스로 욕구를 유예할 필요성을 느끼게끔 대화의 방향을 잡는 거예요. 합리적 통제를 적용해 세 가족의 대화를 다시 구성하면 다음과 같습니다.

- **용찬이네 가족: 놀이기구 '문어차' 앞에서**

🧒 아이   "이거 하자."

👨 아빠   "대기 줄이 기네. 안 되겠다. 그 옆에 있는 악마성으로 가자."

🧒 아이   "싫어, 나 저거 탈래."

👨 아빠   "문어차가 타고 싶어?"

🧒 아이   "응, 타고 싶어."

👨 아빠   <u>"악마성은 빨리 구경할 수 있어. 문어차는 오래 걸려. 어떤 게 좋아?"</u>

🧒 아이   (잠시 생각하고) "문어차."

👨 아빠   "그래, 그럼 문어차 타자."

어른이 상황을 말해주고 두 가지 선택안을 제시한 뒤에 아이에게 선택하도록 했습니다. 아이는 경험을 통해 자기 판단의 결과를 알게 될 것입니다. 나중에 대화를 통해 이를 언어적으로 표현하게 할 수 있어요.

- **나은이네 가족: 기념품 가게에서**

🧒 아이   "저거 사줘."

👩 엄마   "저 목걸이를 하고 싶어?"

🧒 아이   "응, 하고 싶어."

👩 엄마   "나은이는 아직 어른이 아니잖아."

🧒 아이   "그래도 할래."

👩 **엄마** "지금 저 목걸이를 살 수 없어. 하지만 집에 가서 엄마 목걸이를 해볼 수는 있어. 어떻게 할래?"

👧 **아이** (고민하고) "엄마 거 해볼래."

👩 **엄마** "그래, 고마워."

결과적으로 아이는 목걸이를 사지 못했지만 어른의 선택형 질문을 통해 자신의 욕구를 이해받았다고 느낄 거예요. 아이로서는 나쁘지 않은 대화이자 해결책이에요.

• **태식이네 가족: 식당에서**

👦 **아이** "나도 먹을래."

👨 **아빠** (맥주잔을 가리키며) "이걸?"

👦 **아이** "응. 나도 줘."

👨 **아빠** "안 돼."

👦 **아이** "쪼금마안."

👨 **아빠** "술은 마실 수 없어. 하지만 주스는 마실 수 있어."

"그건 나쁜 짓이야" 대신 대안을 제시했습니다. 물론 아이가 여기에 만족하지 않고 계속 생떼를 쓸 수는 있어요. 하지만 우리는 아이의 목적이 '술'이 아닌 '어른처럼'이라는 걸 알고 있습니다. 나중에라도 방법을 찾을 거예요.

220

★ 어른들의 대화를 듣고 말을 배워요 ★

실생활에서 올바른 말의 사용법 들려주기

아이들은 어른들의 대화를 지켜보면서 '말의 사용법'을 익힙니다. 그러니 평소에도 상대의 말을 잘 듣고 의도를 확인하고 원하는 정보를 전달하는 모습, 갈등 상황에서 해결방안을 모색하고 절충하고 합의하는 모습을 보여주세요.

지금까지는 아이와 어른의 직접적인 대화 상황을 가정하고 말씀드렸어요. 그런데 아이들은 간접적인 방식으로도 말을 배웁니다. 우연히 어른의 전화 통화 내용을 듣거나, 어른들끼리 하는 말을 듣고 낱말과 구문적 지식은 물론 말의 사용법까지 익히는 경우가 그렇습니다.

'말의 사용'이란 획득한 언어적 기능을 적절하게 쓰는 것을 말합니다. 언어병리학에서는 이를 '화용'이라고 합니다. 어떻게 말을 시작하고 끝맺을지, 언제 질문하고 대답할지, 어떻게 정보를 요구하고 전달할지, 어떻게 합의에 이를지를 아는 것도 매우 중요한 언어 능력이에요.

직접 대화가 어휘나 구문적 지식을 익히는 기회가 된다면, 어른들의 대화를 지켜보는 것은 '말의 사용법'을 익히는 기회가 됩니다.

월요일 아침, 지훈이네 집 풍경입니다.

🧑 **아빠** "서류봉투 못 봤어?"

👩 **엄마** "몰라."

🧑 **아빠** "찾아보지도 않고 몰라야? 시간 없는데 짜증나네. 알았어. 나, 애 데리고 먼저 갈게."

엄마와 아빠의 짧은 대화입니다. 유치원 가방을 메고 현관 앞에 서 있는 지훈이는 이 대화에 등장하는 낱말이나 문장을 이해하지만 어떤 상황인지는 알 수 없어요. 아빠가 왜 서류봉투를 찾는지, 그게 어떤 봉투인지, 그래서 앞으로 어떻게 될지 등과 관련한 정보가 없기 때문이에요. 아마도 '어떤 요구가 있었고 그 요구가 받아들여지지 않았다' 정도만 이해할 거예요.

다음의 경우는 어떨까요?

아빠 "○○ 씨, 혹시 서류봉투 못 봤어?"

엄마 "무슨 봉투?"

아빠 "노란색 비닐 봉투인데, 회사 서류가 들어 있어. 아까, 식탁 위에 둔 것 같은데 지금 보니까 없네."

엄마 "글쎄, 못 본 거 같은데. 근데 지금 나가야 하지 않아?"

아빠 "응, 어떡하지?"

엄마 "일단 출근부터 해. 내가 찾아보고 있으면 전화할게."

아빠 "그래, 그러자. 연락 줘. 고마워."

지훈이는 여전히 이 상황을 100퍼센트 이해하지 못합니다. 그러나 봉투의 색깔, 내용물, 위치 등을 알 수 있어요. 빨리 출근해야 하는 아빠의 상황도 알 수 있습니다. 그리고 무엇보다 두 사람이 대화를 통해 필요한 정보를 나누고 문제 해결 방법을 도출해가는 과정을 지켜보았습니다. 스스로 의식하지 못하겠지만 '대화의 기술'을 배운 겁니다.

이처럼 어른들의 대화는 아이들에게 '말의 사용법'을 알려줍니다. 대화할 때 상대의 말을 잘 듣고 의도를 확인하고 원하는 정보를 전달하는 모습, 갈등 상황에서 해결방안을 모색하고 절충하고 합의하는 모습을 보여주세요. 어른들의 그런 대화를 들으면서 아이들은 대화의 기술을 배워갈 거예요. 말 잘하는 아이로 키우려면 어른들이 아이에게뿐만 아니라 서로에게 친절해야 합니다.

★ 칭찬을 잘해도 아이의 언어가 발달합니다 ★

표현 욕구를 자극하는 칭찬 3가지

칭찬은 아이에게 커다란 동력이 됩니다. 이를 통해 올바른 행동을 유도하고 옳지 않은 행동을
줄일 수 있어요. 칭찬의 종류는 말, 행동, 보상물이 있습니다.

어린이집에 다녀온 유찬이가 가방을 내려놓자마자 말합니다.

아이 "엄마, 이거!"

엄마 "뭐야?"

아이 "스티커야."

엄마 "스티커네."

아이 "선생님이 줬어. 내가 손 들고 말했어."

엄마 "유찬이가 대답을 잘해서 스티커 받았구나."

아이 "응, 그랬어."

엄마 (하이파이브를 하며) "아유, 잘했네. 유찬이 최고!"

흔히 볼 수 있는 장면이에요. 아이는 어른에게 자신의 성과를 보여 주었고, 어른은 이를 칭찬했습니다. 구체적으로 보면 '하이파이브'라는 행동과 '잘했네. 유찬이 최고'라는 말을 칭찬의 수단으로 썼어요.

칭찬은 아이에게 커다란 동력이 됩니다. 이를 통해 올바른 행동을 유도하고 옳지 않은 행동을 줄일 수 있어요. 언어 발달 측면에서 보면 아이의 표현 욕구를 자극하는 수단이 됩니다. 그만큼 중요한 게 칭찬입니다.

칭찬의 종류는 말, 행동, 보상물이 있습니다.

◆ 칭찬하는 말

아이가 잘했을 때 우리는 보통 "잘했어!" "최고!" "짱!" "1등!" "옳지!" 라고 칭찬합니다. 아이의 행동을 포괄적으로 칭찬하거나("잘했어" "옳지"), 지위를 평가합니다("최고" "1등" "짱").

말로 하는 칭찬은 즉시 표현할 수 있다는 장점이 있지만 포괄적인 칭찬은 자주 하면 효과가 떨어져요. 그래서 구체적일 필요가 있습니다. "잘했네!" 대신 "달리기를 잘했네!" "대답을 잘했네!" "종이접기를 잘했네!"라고 말해보세요.

또한 잘했다는 칭찬을 자주 듣다 보면 '못하면 안 된다'는 인식이 생길 수 있어요. 그래서 결과보다는 과정을 칭찬하면 더 좋습니다. "달리기를 잘했네!" 대신 "달리기를 열심히 했네!" 하고 말해보세요. 잘해서가 아니라 열심히 해서 칭찬을 받은 아이는 잘해야 한다는 강박이 없어요. 그래서 다음에도 열심히 합니다.

"최고!"보다는 "자랑스럽다!", "1등!"보다는 "멋지다" "훌륭해!"라고 해보세요. 내가 다른 사람보다 뛰어나다는 인식보다는 자랑스럽고 훌륭하다는 인식이 자존감을 높이는 데 도움이 됩니다. 이런 칭찬을 들은 아이는 평가가 아닌 가치를 위해 노력할 거예요.

그러니 말로 칭찬할 때는 과정에 대해, 구체적으로, 가치를 높이는 말을 사용해주세요.

◆ 칭찬하는 행동

　우리는 칭찬의 말을 하면서 놀란 표정 짓기, 크게 웃기, 박수치기, 하이파이브, 끌어안기와 같은 행동을 같이 합니다. 이런 행동은 아이들에게 어른이 기뻐한다는 사실을 즉시 느낄 수 있게 합니다.

　아이가 어릴수록 이런 신체적 반응에 민감합니다. 웃으며 손뼉을 치고 하이파이브를 하고 힘껏 안아주세요. 칭찬하는 행동은 듣는 사람은 물론 하는 사람도 행복하게 합니다.

◆ 칭찬용 보상물

　칭찬으로 스티커, 먹을 것(사탕, 젤리, 음료수 등), 동영상 시청이나 장난감 같은 보상물을 줄 수 있습니다. 이는 아이들에게 행동의 결과를 감각적으로 실감하게 합니다. 물질 보상은 아이들의 바람직한 행동을 유도하는 데 강력한 효과를 발휘해요.

　다만 이 방법을 오래 쓰면 내성이 생길 수 있고 보상물 자체가 부작용을 불러올 수 있어요. 그러니 2차적으로 이따금씩 쓰세요. 꼭 필요하지 않다면 안 쓰는 것도 좋습니다. 말과 행동으로도 충분해요. 아이들에게 어른, 그중에서도 부모의 인정은 최고의 보상입니다.

★ 대화하며 꼭 살펴보세요 ★

아이와 대화할 때
체크할 것 4가지

어른의 말을 잘 따른다고 해서 대화가 잘된다고 단정 지을 수는 없어요. 시선은 어디를 향하는지, 잘 듣는지, 말뜻을 이해하는지, 잘 표현하는지 등을 종합적으로 살펴서 아이가 대화에 잘 참여하고 있는지를 파악하세요.

아이와 대화하려면 먼저 다음을 살펴보아야 합니다.

- 시각적 집중: 잘 쳐다보는가?
- 청각적 집중: 잘 듣는가?
- 수용 언어: 말뜻을 이해하는가?
- 표현 언어: 자신의 생각을 잘 표현하는가?

◆ 시각적 집중: 잘 쳐다보는가?

어린아이들은 호기심이 많습니다. 이것저것 만져도 보고 던져도 보고, 때로 입에 넣어도 봅니다. 그러면서 사물의 특징을 파악해요. 가벼운지, 무거운지, 딱딱한지, 부드러운지, 냄새와 맛은 어떤지, 떨어질 때 어떤 소리가 나는지 등을 살피는 거예요. 그중 대화와 관련해서 가장 먼저 동원되는 감각은 '시각'입니다. 아이들은 어떤 행동을 하기 전에 우선 '봅니다'. 어른이 다가오면 보고, 손에 담긴 물건을 봅니다. 그런 다음 손을 뻗치거나 고개를 젓거나 웃지요.

아이와 대화를 시작하기 전에 아이의 눈을 먼저 보세요. 아이가 잘 쳐다보는지, 눈을 잘 맞추는지 살펴보세요. 낱말이나 문장을 들려줄 때 아이가 보고 있지 않으면 효과가 적습니다. 서로 눈을 맞추고, 또는 서로 같은 곳을 보며 대화하세요. 대화는 눈에서 시작됩니다.

만약 아이가 눈을 맞추기 어려워하고 의사소통에 문제가 있다면 시각 검사와 발달 검사를 받아보실 것을 권합니다.

◆ 청각적 집중: 잘 듣는가?

대화는 '말소리'로 이루어집니다. 말소리는 '음파'예요. 청각기관은 음파를 뇌로 전달합니다. 우리의 대뇌는 이를 '언어'로 해석해요. 아이가 목소리 나는 곳으로 고개를 돌리고 주의를 기울인다면 대화할 준비가 되어 있다는 뜻입니다.

만약 아이가 소리에 제대로 반응하지 못한다면 가까운 이비인후과를 찾아 청각 검사를 받아볼 것을 권합니다.

◆ 수용 언어: 말뜻을 이해하는가?

어른이 한 말을 아이가 이해하는지도 살펴야 합니다. 어른들은 가끔 아이의 행동을 보고 자신의 말을 이해했다고 오해를 합니다. 사실 아이들은 말을 알아듣지 못해도 어른이 원하는 행동을 할 수 있어요. 상황, 시선, 표정과 말투, 몸짓 등 비언어적인 단서가 있기 때문입니다.

아이가 집에서는 말을 잘 알아듣는 것 같은데 또래에 비해 말이 느리다면 다음을 확인해보세요.

상황적 맥락

용찬이가 거실에서 놀고 있습니다. 엄마는 용찬이에게 밥을 먹자고 말합니다. 용찬이가 하던 일을 멈추고 식탁으로 옵니다. 그러면 엄마는 용찬이가 "밥 먹자"는 말을 이해했다고 생각합니다.

하지만 그 말을 몰라도 식탁으로 올 수 있습니다. 왜냐하면 엄마가 식탁 의자에 미리 앉아서 자신을 바라보고 있기 때문입니다. 엄마와 용찬이는 늘 그렇게 밥을 먹어왔습니다. 따라서 "밥 먹자"는 말을 몰라도 용찬이는 식탁으로 가서 밥을 먹을 수 있습니다.

시선

아빠가 나은이에게 "뽀로로 책 어디에 있어?" 하고 묻습니다. 그러자 나은이가 바로 앞에 있는 책을 가져옵니다. 아빠는 나은이가 말을 알아들었다고 생각합니다. 그러나 "뽀로로 책"이라는 말을 몰라도 나은이는 그 책을 가져올 수 있습니다. 왜냐하면 아빠의 눈이 이미 뽀로로 책을 가리키고 있기 때문입니다.

표정과 말투

"지훈아, 그거 내려놔, 위험해!"라는 아빠의 말에 지훈이는 만지작거리던 칼을 내려놓습니다. 아빠는 아이가 '위험하다'는 말을 이해했다고 생각합니다.

그러나 그 말을 몰라도 아이는 칼을 내려놓을 수 있습니다. 왜냐하면 아빠의 표정과 말투가 이미 아이가 하던 행동을 멈추라고 말하고 있기 때문이에요.

몸짓

할머니가 지안이를 보며 "지안아, 할머니랑 시장에 갈까?"라고 말합니다. 그러자 지안이는 할머니의 손을 잡고 현관문을 나섭니다. 할머니는 당연히 지안이가 시장에 가자는 말을 알아들었다고 생각합니다.

하지만 지안이는 할머니의 말을 이해하지 못해도 시장에 같이 갈 수 있습니다. 왜냐하면 할머니가 외출복을 입고 현관문에서 신발을 신으며 손을 내밀었기 때문입니다. 지안이는 항상 할머니가 신발을 신으며 손을 내밀면 밖으로 나간다는 사실을 경험적으로 알고 있습니다.

따라서 아이가 정말 말을 알아듣는지 알려면 이 네 가지 단서를 빼고 오로지 언어만 사용해보아야 합니다. 다음과 같은 방법을 써보세요.

- 아이와 마주 앉아서 눈을 봅니다. 식탁 쪽으로 몸을 움직이거나 시선을 돌리지 않고 이렇게 말합니다. "용찬아 식탁에 가서 밥 먹자."
- 등을 돌리고 앉아서 아이에게 말합니다. "나은아, 아빠한테 머리빗 줄래?" 아이는 아빠의 시선이 어디로 향하는지 알 수 없습니다. 따라서

'머리빗'이라는 말을 알고 있어야 머리빗을 아빠에게 가져다줄 수 있습니다.

- 리모컨으로 텔레비전을 켭니다. 텔레비전 화면에서 시선을 떼지 않고 말합니다. "지안아 할머니랑 시장에 갈까?" 아이는 할머니의 말뜻을 이해해야 밖에 나갈 채비를 할 수 있습니다.

위에서 아이는 상황적 맥락, 시선, 표정과 말투, 몸짓 등의 단서 없이 오로지 들리는 말소리에 의존해서 행동해야 합니다. 이때 아이가 어른의 말에 맞는 행동을 했다면 말뜻을 이해한 것입니다. 그러나 혼란스러워하거나 얼굴을 빤히 쳐다본다면 어른의 말을 정확하게 이해하지 못했다고 보아야 합니다.

◆ 표현 언어: 자신의 생각을 잘 표현하는가?

생후 12개월을 전후로 아이들은 낱말을 말하기 시작합니다. 그러다 만 2세 전후로 구절(낱말+낱말) 표현이 활발해지면서 문장을 말합니다. 만 3세를 전후로 어휘가 폭발적으로 느는 한편 문장도 다양해져요. 개인차가 있지만 아이가 이러한 양상을 보인다면 아이의 언어 표현에 문제가 없다고 보아야 합니다.

다만 만 2세가 지났는데도 소리 표현이 없거나, 만 3세가 지났는데도 낱말이나 구절 표현이 없고, 만 4세가 지났는데도 문장을 구성할 수 없다면 발달 검사를 받아보아야 합니다.

이는 과묵하다거나 말이 없는 것과는 차이가 있습니다. 평소에는 말이 없지만 질문을 던졌을 때 혹은 혼잣말로 위와 같은 낱말-구절-문장 표현을 할 수 있다면 이는 언어 발달에 문제가 없다고 할 수 있습니다.

만약 아이가 말을 하려고 할 때 얼굴을 찡그리거나 소리 내는 걸 힘들어한다면 이는 언어 표현이 아닌 발성의 문제일 수 있습니다. 이때는 이비인후과에서 발성기관 검사를 받아야 해요.

발음이 문제일 수도 있습니다. 전체적으로 말이 뭉개져서 표현은 하는데 상대가 못 알아들을 수 있습니다. 이럴 때는 전문가와 상의해서 조음기관 검사를 받거나 발음 연습을 해야 합니다.

말을 더듬을 수도 있습니다. 특히 말이 폭발적으로 늘기 시작하는 만 3세부터 5세 전후로 이런 일이 많이 생겨요. 대부분 일시적인 현상이고 시간이 지나면 자연스레 사라집니다. 이때 주의할 게 있어요. 말을 더듬는다고 아이를 다그치거나, "더듬지 말고 다시 말해봐"라고 요구하지 마세요. 그러면 자신의 말을 의식하면서 말더듬이 고착화될 위험이 있습니다. 말더듬이 3~6개월 이상 지속되거나 점점 심해지면 꼭 전문가와 상의하세요.

어휘력 10배 올리는 하루 10분 대화놀이

초판 1쇄 발행 | 2021년 08월 20일
초판 3쇄 발행 | 2021년 12월 15일

지은이 | 김지호
발행인 | 이종원
발행처 | (주)도서출판 길벗
출판사 등록일 | 1990년 12월 24일
주소 | 서울시 마포구 월드컵로 10길 56(서교동)
대표 전화 | 02)332-0931 | 팩스 · 02)323-0586
홈페이지 | www.gilbut.co.kr | 이메일 · gilbut@gilbut.co.kr

기획 및 책임편집 | 최준란(chran71@gilbut.co.kr) | **디자인** · 강은경 | **제작** · 이준호, 손일순, 이진혁
영업마케팅 · 진창섭, 강요한 | **웹마케팅** · 조승모, 황승호, 송예슬 | **영업관리** · 김명자, 심선숙, 정경화
독자지원 · 송혜란, 윤정아

편집 및 교정 · 장도영 프로젝트 | **전산 편집** · 박은비 | **일러스트** · 임필영
CTP 출력 및 인쇄 · 대원문화사 | **제본** · 경문제책

ISBN 979-11-6521-641-2 03590
(길벗 도서번호 050154)

독자의 1초를 아껴주는 정성 길벗출판사
〈〈〈 (주)도서출판 길벗 〉〉〉 IT실용, IT/일반 수험서, 경제경영, 취미실용, 인문교양(더퀘스트), 자녀교육 www.gilbut.co.kr
〈〈〈 길벗이지톡 〉〉〉 어학단행본, 어학수험서 www.gilbut.co.kr
〈〈〈 길벗스쿨 〉〉〉 국어학습, 수학학습, 어린이교양, 주니어 어학학습, 교과서 www.gilbutschool.co.kr

〈〈〈 페이스북 〉〉〉 www.facebook.com/gilbutzigy
〈〈〈 트위터 〉〉〉 www.twitter.com/gilbutzigy